MATHEMATICS

AI 시대, 당연함을 비트는 즐거움

수학 브런치

배티(배상면) 지음

Brunch

애플시드
APPLE SEED

머리말 PROLOGUE

어렸을 때, 길에 떨어진 동전을 유독 잘 줍는 친구가 있었다. 신기한 재능이라며 주변의 호응이 커질수록 친구는 동전을 더 잘 줍게 되었다. 시간이 흘러 나는 수학 선생님이 되었고, 수학을 좋아한다는 이유로 유튜브 채널 '매스프레소^{MathPresso}'를 개설해 수학을 주제로 하는 영상을 만들기 시작했다.
재능이었는지, 구독자들의 호응이 부추긴 덕분이었는지 …
어느새 나는 길을 걷고 사람을 만나거나, 수학과 무관할 것 같은 인문학 책을 읽어도 그 속에서 다양한 수학적 소재를 발견해 내는 특이한(?) 능력을 지니게 되었다.

친구가 동전을 잘 주웠던 비결은 뭘까?
동전을 자주 사용하던 시절, 길에는 실제로 많은 동전이 떨어져 있었고, 특별한 사명감(?)을 가지게 된 친구는 아마도 길을 걸으며 "킁킁킁" 동전 찾기에 몰두했을 것이다.
현대인들은 행운이다. 수학이라는 동전은 길에 가끔 떨어져 있는 정도가 아니라 일상에 깔려 있다. 조금만 관심을 가지면 누구나 수학 동전을 주울 수 있고, 이 동전으로 AI 시대에 남다른 사고력과 기획력을 장착할 수 있다.

이 책은 내가 일상에서 쓸어모은 153개의 수학 동전을 담은 '수학 저금통' 같은 것이다. 저금통을 열며 "와라락" 쏟아지는 지적 즐거움을 지금부터 독자들과 나누려 한다.

2025년 11월의 끝자락에서
배티

목차 CONTENTs

머리말 PROLOGUE   2

PART I   아이디어 영역

- 001   18세기 오징어 게임   12
- 002   맨홀 뚜껑이 삼각형이라면   14
- 003   환승역에서 많이 걷는 이유   15
- 004 $\frac{1}{0}$로 시작하는 수 체계   16
- 005   수학자의 내기   18
- 006   복사기 배율이 141.4%인 이유   19
- 007   에디슨의 부피 측정법   20
- 008   벌집이 육각형인 이유   21
- 009   소화기관 한붓그리기   22
- 010   지구별 표지판   23
- 011   수학자들의 족보 계산법   24
- 012   무한 껍질 양파   26
- 013   당신과 호날두는 몇 단계?   28
- 014   연못의 물고기 수   29
- 015   평균은 피할 수 없다   30
- 016   확률은 피할 수 없다   31
- 017   보아뱀 분포   32

018	프랙탈로 만든 기수법	33
019	원주율 $\pi=2$라고?	34
020	여론 조사의 장난	35
021	마르지 않는 상금	36
022	마방진의 한가운데	37
023	오늘날 수학은 뭐다?!	38
024	달력 알고리즘	39
025	대통령이 오래 사는 이유	40
026	과학적이다 vs 수학적이다	41
027	점 vs 소수 vs 원자	42

PART II 에피소드 영역

028	잡스를 자르면 생기는 일	44
029	에펠탑과 수학	45
030	에디슨 vs 테슬라	46
031	해피엔딩 문제	48
032	펜로즈 삼각형	49
033	사라진 타일 한 장	50
034	몬티 홀 딜레마	52
035	율리우스력 vs 그레고리력	54
036	의대보다 순수과학	55
037	과학사의 스타 동물	56
038	지방은 숨길 수 없다	58
039	이발사 역설	59
040	수학자가 헌법을 파면	60
041	불완전성 정리	61

042	넓이는 유한, 둘레는 무한한 도형	62
043	부피는 유한, 겉넓이는 무한한 입체	63
044	힐베르트 무한호텔	64
045	실수를 셀 수 있을까?	65
046	과학자는 곱슬머리?	66
047	증명에 빠지면 놓치는 것	67
048	죄수의 딜레마	68
049	신비한 수 142857	70
050	바이어슈트라스 함수	71
051	평면 지도로 지구본 만들기	72
052	피자를 세로로 마는 이유	73
053	빨대의 구멍 개수	74
054	커피잔 = 도넛 = 빨대	75
055	공중전을 반전시킨 역발상	76
056	아킬레스와 거북이	77
057	돌멩이로 만든 수학 공식	78
058	고대인이 지구 둘레를 잰 방법	79
059	내각의 합이 270도인 삼각형	80
060	세젤아 공식	81
061	수학이 벌인 일	82
062	원론 vs 프린키피아	84

PART III 넌센스 영역

063	8이상 그리고 8이하	88
064	삶은 죽음과 같다	89
065	무리한 수열	90

066	초코파이의 초코 함량	91
067	적는 자가 생존한다	92
068	상형문자 추론	94
069	조립제와 필라테스	95
070	문과 vs 이과	96
071	수학으로 고백하기	97
072	가장 키가 큰 과학자	98

PART IV 지니어스 영역

073	폰 노이만이 문제를 푸는 법	100
074	가우스가 벽돌공이 될 뻔한 사연	101
075	플라톤의 레고 블록	102
076	수학자와 물리학자의 대화	103
077	수학자들의 허세	104
078	뉴턴의 허당	106
079	수학자가 주역에 빠지면	108
080	한 거 없이 유명한 수학자	109
081	3대 수학자가 아닌 사람	110
082	제자를 묻어 버린 수학자	112
083	57을 소수로 만든 수학자	113
084	뉴턴이 문제를 푸는 법	114
085	진리와 결혼한 여자	115
086	수학자의 묘비문	116
087	미적분 로열티 전쟁	118
088	수학은 유전자	119
089	수학자는 서양인	120

090	유튜브 최다 출연 수학자	121
091	일반인의 탈을 쓴 수학자	122
092	동생이 형아에게 준 선물	124
093	결투로 요절한 수학자	125
094	수학을 잘하게 된 비결	126
095	필즈메달 이모저모	128
096	미이라보다 오래된 공학자	130
097	수학자가 범인을 찾는 법	131
098	아테네 수학 학당	132
099	데카르트는 뇌두라고	134

PART V　테크닉 영역

100	달에서 지구로 사진 보내기	136
101	포토샵과 일러스트	137
102	뫼비우스의 띠	138
103	클라인 병	139
104	4색 정리	140
105	코카 vs 펩시	141
106	창보다 강한 방패	142
107	수학의 정석 vs 바둑의 정석	143
108	캥거루와 자율주행	144
109	점 (a, b, c, d)를 담는 공간	145
110	유튜브를 배속하면	146
111	노이즈 캔슬링의 마법	147
112	키보드가 ABC 순서라면	148
113	복소수수염차	149

114	AI에게 개냥이란	150
115	수학＝정치＝종교	152
116	택시 없는 택시 회사	153
117	비디오 가게 사장의 수학 실력	154
118	별이 빛나는 밤에	155
119	"기계 vs 인간" 구별법	156

PART VI 스터디 영역

120	1950의 세 가지 의미	158
121	공집합의 반대	159
122	부등호의 방향	160
123	배반한다 vs 독립한다	161
124	일부다처제	162
125	수학의 이름을 불러 주었을 때	163
126	질문만 잘 해도 노벨상	164
127	천재 화가의 우아한 증명	165
128	소수는 방구석에서 무한하다	166
129	피사의 사탑에 너나 올라가	167
130	당구대가 타원이라면	168
131	고양이 귀는 포물선 귀	169
132	황금사각형	170
133	토너먼트 경기의 수	171
134	구골 vs 무량대수	172
135	과잉수, 부족수, 완전수	173
136	외각의 합은 360도	174
137	머리숱이 같은 동갑내기	175

138	오버부킹의 끝판왕	176
139	파스칼의 하키스틱	177
140	의외로 모르는 수학 용어 1위	178
141	역수의 합 구하기	179
142	러셀 vs 파인만	180
143	맨날 까먹는 공식 1위	182
144	히포크라테스의 초승달	183
145	비싼 물건부터 사라고	184
146	월드컵 4일 완성	185
147	공대생 멘탈 일급 털이범	186
148	네 집합의 벤 다이어그램	188
149	결혼 알고리즘	190
150	공부해라 vs 늦잠잔다	191
151	소주 한 병은 7잔	192
152	유튜브 터트리기	193
153	153의 일곱 가지 의미	194

에필로그 EPILOGUE   195

PART I
아이디어 영역

맨홀 뚜껑이 삼각형이라면

18세기 오징어 게임

드라마 〈오징어 게임〉의 로고와 배우들의 가면에는 다음과 같은 도형이 등장한다.

실제로 '오징어 게임'은 필드에 원, 삼각형, 사각형을 그려서 하는 기하학적 구조의 전통 게임이다.

✦ ✦ ✦

놀랍게도 18세기의 독일에도 같은 소재의 게임이 있었다. 교육용 장난감 제작의 선구자였던 페터 카텔은 나무판에 원, 삼각형, 사각형 모양의 구멍을 뚫어 퍼즐을 만들고 〈수학 구멍〉이라는 재미있는 제품명을 붙인다.

퍼즐의 미션은 이와 같다.

"세 구멍에 모두 꼭 맞게 통과하는 입체를 찾아라!"

이 입체(정답)는 다음과 같이 만들 수 있다.

✼ ✼ ✼

밑면의 지름과 높이가 같은 원기둥을 준비한다. 윗면에 지름 하나를 긋고, 지름에서 밑면에 접하는 두 단면으로 잘라 두 윗부분을 제거하면, 남아 있는 입체가 정답이다.

헤어드라이어의 뚜껑처럼 생긴 이 입체는 위에서 보면 원, 옆에서 보면 삼각형 또는 사각형으로 보이는 타이밍이 있다. 그 순간 보이는 방향 그대로 입체를 구멍에 통과시키면 된다.

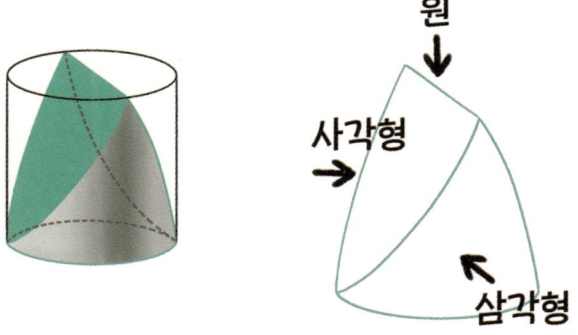

18세기판 오징어 게임 PASS!

맨홀 뚜껑이 삼각형이라면

맨홀 뚜껑은 보통 원형이다. 뚜껑이 덜컹 튀어도 빠지지 않기 때문이다. 그런데 맨홀 뚜껑이 정삼각형인 경우, 뚜껑이 덜컹 튀면 빠질 수도 있다. 원은 어떻게 재도 폭이 일정한 정폭도형이지만, 정삼각형은 들어가는 방향에 따라 폭이 달라져 낮은 폭으로 들어가면 빠지게 된다.
원과 삼각형의 중간 단계가 있다.

「뢸로 삼각형」

이는 정삼각형의 각 꼭짓점에서 다른 꼭짓점을 지나는 호를 그려 만든, 기타 피크 모양의 뚱뚱한 삼각형(?)이다. '삼각형'이라는 이름을 달고 있지만, 원과 마찬가지로 어떻게 재도 폭이 일정한 정폭도형이다.

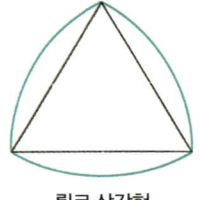

뢸로 삼각형

"샘! 그럼 맨홀 뚜껑이 뢸로 삼각형이어도 구멍에 빠지지 않겠네요?"

BINGO!

뢸로 삼각형으로 바퀴를 만들고 그 위에 평평한 판을 올려 앉으면, 바퀴가 굴러가도 엉덩이가 들썩이지 않는다.
바퀴의 높이(폭)가 일정하기 때문이다.

환승역에서 많이 걷는 이유

3차원 공간에서 서로 다른 두 직선의 위치 관계는 세 가지가 있다.
이 중 한 점에서 만나거나 평행한 관계는 2차원에도 있는 것이다. 여기에 3차원에서만 존재하는 특별한 위치 관계가 있다. 이를 '꼬인 위치'라고 한다.

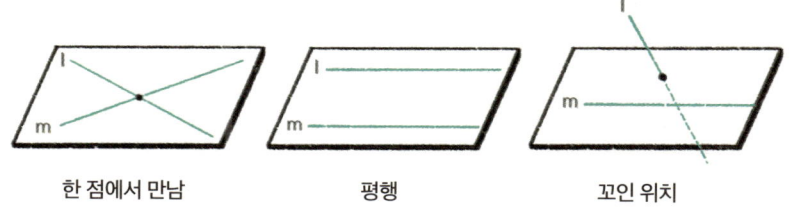

한 점에서 만남   평행   꼬인 위치

서울 서초구에 위치한 교대역은 동서 방향의 지하철 2호선과 남북 방향의 지하철 3호선이 만나는 환승역이다.
이러한 환승역은 꼬인 위치의 대표적인 사례다. 환승역의 두 선로가 같은 평면에서 교차하면 대형 사고의 확률이 높다. 당연히 다른 층에서 교차하도록 설계된다.

환승역에서 많이 걸어야 하는 이유는 두 선로가 꼬여 있기 때문이었다.

004
$\frac{1}{0}$로 시작하는 수 체계

아직까지 수학에서 "나누기 0"은 정의되지 않는다.
어디선가 한국 수학자가 나타나 「$\frac{1}{0}$ = ㅎ」이라 정의하고[+]

$$\frac{2}{0} = ㅎㅎ \quad \frac{3}{0} = ㅎㅎㅎ \quad \frac{4}{0} = ㅎㅎㅎㅎ$$

이렇게 확장하면 새로운 수 체계가 될 수 있을까?

NO!

진정한 수^{number}의 생태계로 인정 받으려면

유의미한 확장과 우연한 적용

이런 두 가지 조건이 필요하다.

예를 들어 허수 단위 i는 $\sqrt{-2} = \sqrt{2}i$는 물론, $a+bi$(a, b는 실수)라는 복소수로 확장되고, 우연히도 전자기학과 양자역학에 적용된다. 이 때문에 i로 시작되는 '복소수 체계'는 수의 생태계로 인정받고 있는 것이다.

[+] 필자는 수업 시간에 $\frac{1}{0}$ = ㅎ(히읗) 이므로, 수학 말고 국어에 존재하는 것이라고 말한다. 웃지 않는 학생에게는 다량의 숙제가 부과된다.

$\frac{1}{0}$로 생태계를 만들기 위한 그럴 법한 시도가 있었다.

비표준 해석학 Nonstandard analysis

수학자 에이브러햄 로빈슨은 무한소와 무한대를 서로 역수 관계로 정의하고, 이를 수 체계로 확장하는 데 성공한다. 하지만 $\frac{1}{무한소}$과 $\frac{1}{0}$은 엄연히 다르다.

더 그럴 법한 시도도 있었다.

바퀴이론 Wheel theory

이는 $\frac{1}{0}$을 하나의 수로 정의하고, 바퀴라는 체계 내에서 나름의 연산법칙과 확장을 이루어 낸다. 하지만 아직은 가설 수준에 머물러 있다.

언젠가 어느 걸출한 사피엔스가 나타나 $\frac{1}{0}$을 제대로 정의하고 유의미한 확장에 성공한 다음, 이를 통해 우연히 블랙홀이나 특이점이 설명된다면, 그는 인류 최초로 필즈메달과 노벨상 2관왕을 달성해도 이상하지 않을 것이다.

수학은 매우 유용하다!
소설로 쓰기에 …

수학자의 내기

영국의 위대한 수학자 G.H.하디는 자신만의 독특한 철학과 위트를 가진 사람이었다.

한번은 덴마크에서 열린 국제 학회에 참석 후, 영국으로 돌아오는 여객선에서 가공할 만한 폭풍우가 쏟아진다. 공포에 휩싸인 하디는 영국 수학학회에 긴급 전보를 보낸다.

"리만 가설을 증명함"

이 전보에는 수학자의 치밀한(?) 계산이 숨어 있었다.

살게 되는 경우 ➡ 죽다 살아났으니 **GOOD**
죽게 되는 경우 ➡ 리만 가설을 증명한 전설로 회자될 것이니 **GOOD**

살든 죽든 결과는 좋은 것이었다.

이런 식으로 따지면 한일전 승부에서 내기할 때는 일본에 거는 게 차라리 좋을 수도 있다.

일본이 이기면, 내기에서 이겼으니 GOOD
한국이 이기면, 우리나라가 이겼으니 SO GOOD !

복사기 배율이 141.4%인 이유

복사기를 써 보면 눈에 띄는 확대 배율이 있다.

141.4%

이는 무리수 $\sqrt{2}≒1.414$에서 나온 것이다. 왜 $\sqrt{2}$일까?

A4 용지의 짧은 변과 긴 변의 비는 $1:\sqrt{2}$, A4 용지를 반으로 잘라 만든 A5 용지도 $1:\sqrt{2}$의 비가 그대로 유지된다. 종이를 계속 반으로 잘라 A6, A7, A8, … 용지를 만들어도 $1:\sqrt{2}$의 비가 유지된다. 버려지는 부분이 없이 계속 같은 비를 유지하게 되는 것!

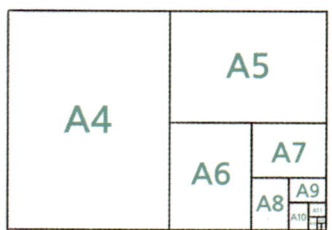

이처럼 복사용지가 지닌 $1:\sqrt{2}$의 비를 '금강비金鋼比'라고 한다.

아하! 그렇다면 복사기에 있는 **70.7%**의 축소 배율은?

BINGO! $\dfrac{1}{\sqrt{2}}=0.7072$ ➡ $0.7072×100≒70.7(\%)$

복사기는 $\sqrt{2}$를 피할 수 없다.

에디슨의 부피 측정법

발명왕 에디슨의 실험실에 수학과 출신의 조수가 입사했다. 에디슨은 그에게 모양이 특이한 전구의 부피를 계산하라는 임무를 맡겼다. 얼마 후 에디슨이 조수를 불렀다.

   에디슨 "잘 되고 있나?"
    조수 (땀을 흘리며) "반쯤 남았습니다."

종이에는 에디슨도 알기 어려운 수식이 가득 차 있었다.
에디슨은 웃으며 말했다. "그냥 물을 채우지 그래!"

✱ ✱ ✱

비슷한 방식으로 임의의 도형 S의 넓이도 간단히 구할 수 있다.
우선 도화지의 무게를 잰다.
도화지에 도형 S를 그린 후,
S를 오려 내어 무게를 잰다.
이때 S의 넓이는 다음과 같다.

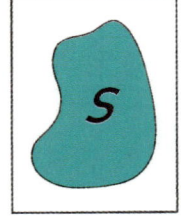

$$S\text{의 넓이} = \text{도화지 넓이} \times \frac{S\text{의 무게}}{\text{도화지 무게}}$$

벌집이 육각형인 이유

정육각형 구조의 벌집을 보면 "자연은 수학의 언어로 쓰여 있다"는 갈릴레이의 말에 공감하게 된다. 그런데 벌집은 왜 하필 정육각형일까?

✳ ✳ ✳

평면을 빈틈없이 채우는 타일링이 가능한 정다각형은

정삼각형 | 정사각형 | 정육각형

세 가지 뿐이다. 이는 각각의 한 내각이 한 바퀴 360°의 약수인 60°, 90°, 120°라서 가능한 것이다.

그렇다면 셋 중에서 왜 정육각형일까?

둘레가 일정할 때 넓이가 최대인 도형은 원 circle 이다. 벌들은 처음에는 원형으로 집을 짓지만, 시간이 흐르면서 표면장력에 의해 틈이 없는 정육각형으로 변하게 된다.

비슷하게 겉넓이가 일정할 때 부피가 최대인 입체는 구 sphere 이며, 비눗방울이 구인 이유도 이 때문이다. 여러 비눗방울이 서로 겹치면 표면장력에 의해 맞닿은 면이 평평하게 달라붙어 구의 형태가 일그러지며 틈을 메운다.

자연의 법칙은 '최대 효율'을 얻으려 하는 것이다.

소화기관 한붓그리기

'한붓그리기'란 점과 선으로 이루어진 그래프에서 모든 선을 단 한 번씩만 지나며 그리는 것이다. 이러한 그래프에서 각 점은 연결된 선의 개수가 홀수면 〈홀수점〉, 짝수면 〈짝수점〉으로 분류된다. 수학자 오일러에 따르면 '한붓그리기가 가능한 그래프'는 다음 조건을 만족해야 한다.

홀수점이 0개 또는 2개

이를 인체의 소화기관에 적용해 보자. 음식물이 지나가는 주요 소화기관의 경로는 다음과 같다.

① 입 ② 식도 ③ 위 ④ 십이지장 ⑤ 소장 ⑥ 대장 ⑦ 항문

각 소화기관을 점으로, 음식물이 지나가는 길을 선으로 하는 그래프를 그려 보자. 입과 항문은 시작과 끝에 해당하므로 〈홀수점〉, 중간 경유지인 식도부터 대장까지는 앞뒤가 선으로 연결되어 있으므로 〈짝수점〉이다.

아하! 소화기관은 〈홀수점〉이 딱 두 개인 그래프이므로 한붓그리기가 가능한 구조다. 위상수학의 관점에서 소화기관은 주머니가 여러 개 달린 긴 빨대일 뿐이다. 빨대(선)는 당연히 한붓그리기가 가능하다.

지구별 표지판

100년 후, 광속 우주여행이 보편화되고 외계인을 위해 지구별 정류장의 표지판을 만들어 준다면, 사하라 사막 한복판에 그들에게 외계어인 'EARTH'라는 간판 대신 '대왕 직각삼각형 구조물'을 설치하는 것은 어떨까?

"아하~ 피타고라스 정리! 여기가 지구별이군!"

그들은 이렇게 말할지도 모른다. 이처럼 피타고라스 정리는 세계 공용어, 어쩌면 우주 공용어인 '수학'을 상징하는 지구에서 가장 유명한 공식이다.

그런데 놀랍게도 피타고라스 정리는 피타고라스가 처음 만든 게 아니다. 고대 이집트의 피라미드 건축과 바빌론의 점토판에도 피타고라스 정리의 흔적이 남아 있다.
그렇다면 왜 〈이집트의 정리〉, 〈바빌론의 정리〉가 아닌 "피타고라스 정리"로 불리게 되었을까?
이는 경험적 추론에 불과하던 측량의 레시피를 피타고라스가 논리적으로 증명해 '정리 theorem'로 격상시키고 널리 퍼트렸기 때문이다.

이후 약 2500년 동안 피타고라스 정리는 수많은 지식인의 호기심을 자극하며 400개가 넘는 증명법을 탄생시킨다. 이 중에는 레오나르도 다 빈치와 아인슈타인, 미국의 대통령 제임스 가필드가 만든 것도 포함되어 있다.

수학자들의 족보 계산법

집도 없는 떠돌이 수학자 에르되시! 그는 평생 전 세계를 돌며 무려 1,500편의 논문을 공저한다. 수학자라면 그를 직접 알거나 몇 다리만 건너면 그와 인맥이 닿을 수 있었다.

에르되시와 절친이었던 수학자 그레이엄은 재미있는 기획을 한다. 세상의 모든 수학자를 점으로 찍고, 논문 공저자끼리 선으로 연결하는 그래프를 만들면 에르되시와 연결되는 다리의 최소 개수를 구할 수 있다. 그레이엄은 이를 「에르되시 넘버」라고 부르기로 한다.

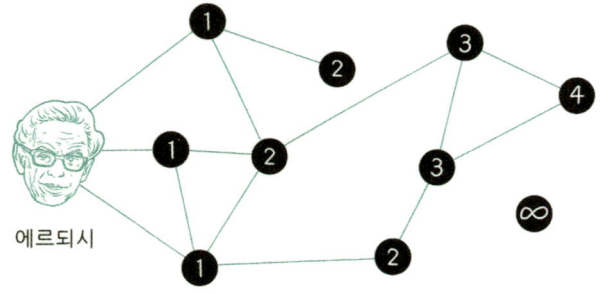

이에 따르면 에르되시 본인은 에르되시 넘버⟨0⟩, 에르되시와 논문을 공저한 전 세계 512명의 친구는 에르되시 넘버⟨1⟩, 친구의 친구는 에르되시 넘버⟨2⟩, 친구의 친구의 친구는 에르되시 넘버⟨3⟩가 되고, 선이 끊긴 수학자는 에르되시 넘버 무한대⟨∞⟩가 된다.

두 편 이상의 논문을 공저한 넘버〈1〉 수학자에게는 $\frac{1}{n}$ 꼴의 넘버를 부여하기도 한다. 28편을 공저한 그레이엄의 넘버는 $\left\langle \frac{1}{28} \right\rangle$, 62편을 공저한 안드레아 사르코지의 넘버는 무려 $\left\langle \frac{1}{62} \right\rangle$이었다.

※ ※ ※

한편, 영화계에서는 에르되시 넘버의 자매품 「베이컨 넘버」가 탄생한다. 이는 할리우드의 대표적인 다작 배우 케빈 베이컨을 에르되시 자리에 두고, 같은 영화에 출연한 배우끼리는 논문 공저자로 보는 것이었다.
이에 따르면 톰 크루즈는 케빈 베이컨과 〈어 퓨 굿 맨〉(1992)에 출연했으므로 베이컨 넘버〈1〉, 한국 배우 마동석은 〈이터널스〉(2021)에 마허샬라 알리[+]와 출연했고, 알리와 케빈 베이컨은 〈리브 더 월드 비하인드〉(2023)에 출연했으므로 마동석은 베이컨 넘버〈2〉가 된다.

국제 배우 마동석 덕분에 그와 한국 영화에 함께 출연한 공유〈부산행〉, 배수지〈백두산〉, 정경호〈압꾸정〉뿐만 아니라 수많은 단역 배우와 까메오 출연자들까지 베이컨 넘버〈3〉로 승급(?)하게 되었다.
배우들의 베이컨 넘버는 〈The Oracle of Bacon〉이라는 사이트에서 확인할 수 있다. 'Don Lee'로 검색하면 마동석의 베이컨 넘버가 나온다.

| Kevin Bacon | to | |

[+] 마허샬라 알리는 〈이터널스〉에 목소리로 출연했다.

무한 껍질 양파

생방송 뉴스가 진행 중인데, 앵커 뒤편에 뉴스 화면이 실시간으로 잡힌다. 이 화면에서 수학적인 모순을 찾아보자.

BINGO!

전체 화면에는 앵커가 두 명, 내부 화면에는 앵커가 한 명이 있어 수학적으로 모순이다.

이 화면과 같이 앵커가 무한히 등장해야 모순이 없어진다.
전체 화면 속의 작은 화면을 전체 화면 크기로 확대하면 전체 화면과 같아져야 한다. 이와 같은 '무한 자기 닮음' 구조를 '프랙탈 fractal'이라고 한다.

이를 수학적으로 나타내 보자. 전체 화면을 TV의 약자를 따서 T라고 하면 이렇게 표현할 수 있다.

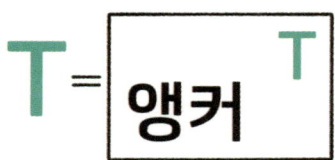

T안에 T가 있는 것! 당황스럽지만 이런 게 무한이다.
잘 이해되지 않는다면, 거울 두 개를 마주보게 놓고 그 사이로 당신의 얼굴을 밀어 넣어 보자. 당신의 얼굴로 프랙탈이 만들어진다. 처음 얼굴 하나를 지워도 얼굴은 무한히 계속된다.

시험에 잘 나오는 소위 '무한 껍질 양파' 문제를 풀어 보자.

> **문제** $a = \sqrt{1+\sqrt{1+\sqrt{1+\sqrt{1+\cdots}}}}$ 일 때, a의 값은?

a안에 a가 들어있으므로 $a = \sqrt{1+a}$
양변을 제곱하여 풀면 $a ≒ 1.618$, 신기하게도 이 값은 소위 '황금비'가 된다.

'껍질이 100개인 양파'는 껍질 하나를 벗기면 다른 양파가 되지만, '무한 껍질 양파'는 껍질을 벗겨도 여전히 같은 양파일 뿐이다.

당신과 호날두는 몇 단계?

10년쯤 전, 제자가 김연아 선수의 사인을 받아다 주었다. 제자의 할아버지와 김연아 선수의 할아버지가 절친이라 가능한 일이었다. 나와 김연아가 네 다리 건너 친구라니!

배티-제자-할아버지-절친-김연아

뿌듯하긴 했지만, 이게 그렇게 대단한 일일까?

※ ※ ※

2011년 페이스북은 사용자들이 평균 4.74단계로 연결되어 있음을 발표했으며, 2016년에는 평균 3.57단계로 줄어들었음을 발표한다.
이처럼 빠른 속도로 인맥의 단계가 줄어드는 이유는 간단하다. 코로나 청정국에 외국인 감염자가 한두 명만 들어와도 한순간에 위험국으로 바뀌는 것처럼, 내가 외국인 한두 명만 친구를 맺어도 인맥의 단계가 순식간에 줄어들기 때문이다.
오늘날 페이스북, 인스타그램 같은 글로벌 SNS 덕분에 무인도에 사는 로빈슨 크루소가 아니라면 지구인은 대부분 여섯 단계 안에 연결될 것이라는 게 중론이다.

**당신도 호날두와 몇 다리 건너면 친구라고?
뭐 그냥 있을 수 있는 일이다.**

연못의 물고기 수

많은 물고기가 자유롭게 헤엄치는 아주 큰 연못이 있다. 이 연못에 사는 물고기는 모두 몇 마리일까?

우선 연못의 여기저기에 무작위로 망을 설치하고, 포획된 물고기에 무해한 물감을 색칠하고 풀어 준다. 다음 날 무작위로 다시 망을 설치하고 포획된 물고기 중 색칠된 물고기의 수를 조사하면 전체 물고기가 몇 마리인지 추정할 수 있다. 이를 '포획-재포획법'[+]이라고 한다.

> **포획-재포획법 공식**
> 연못의 전체 물고기의 수를 N, 첫날 포획한 물고기의 수를 n_1, 다음 날 포획한 물고기의 수를 n_2, 다음 날 포획한 물고기 중 색칠된 것의 수를 m이라 할 때 $\dfrac{n_1}{N} = \dfrac{m}{n_2}$ 에서 $N = \dfrac{n_1 n_2}{m}$

예를 들어 첫날은 500마리, 둘째 날은 400마리가 잡혔고 이 중 10마리가 색칠되어 있다면, 추정되는 물고기의 수는 $\dfrac{500 \times 400}{10} = 20{,}000$마리!

수학은 전체를 세지 않아도 알 수 있는 것이다.

[+] capture-recapture method "링컨-피터슨 지수"라고도 한다.

평균은 피할 수 없다

속력의 측정 방식에는 두 가지가 있다. 스피드건으로 재는 '순간 속력 측정' 방식과 평균으로 판단하는 '구간 속력 측정' 방식이다.

순간 속력 측정은 '도플러 효과 doppler effect'를 이용한다. 같은 소리도 다가올 때는 **방정맞게 들리고** 멀어질 때는 **늘어지게 들린다**. 스피드건은 이러한 소리의 순간적인 파장 변화를 포착하는 것이다.

반면, 구간 속력 측정은 '평균값의 정리'를 이용한다.

> 미분가능한 함수 $f(x)$에 대하여 $\dfrac{f(b)-f(a)}{b-a}=f'(c)$인 c가 적어도 하나 존재한다. (단, $a<c<b$)

이를 속력으로 바꾸면 일정 구간에서 평균 속력과 같은 순간 속력이 적어도 한 번은 존재한다는 뜻이다.

예를 들어 길이 1km, 제한 속력 60km/h인 터널을 1분에 통과하면 평균 속력은 60km/h가 된다. 따라서 어떤 자동차가 이 터널을 1분 미만에 통과하면 평균 속력은 60km/h가 넘는다. 터널 안에서 제한 속력 60km/h를 초과한 순간이 있었다는 뜻!

아뿔싸! 딱 걸리고 말았다. 평균은 피할 수 없다.

확률은 피할 수 없다

확률은 "우연"을 다루는 학문이다. 동전 하나를 던질 때, 앞면이 나올 확률은 $\frac{1}{2}$이다. 그렇다면 동전을 두 번 던지면 앞면이 꼭 한 번 나올까? NO! 우연은 단기 예측을 허락하지 않는다.

이번에는 동전을 2억 번 던진다. 앞면이 1억 번 나올까?
거의 YES! 물론 딱 1억 번은 아닐 수도 있지만, 앞면이 나온 횟수는 확률적으로 1억에 근접할 것이다.
수학에서는 이를 '큰 수의 법칙'이라 한다. 우연을 엄청나게 반복하면 필연적인 결과가 만들어진다는 것!

그림과 같이 문 하나를 두고 맞닿은 밀폐된 두 방 A, B가 있다. 처음에는 A방에만 2억 개의 기체 분자가 있다.
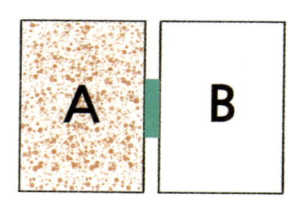
A방에서 문을 닫고 김치찌개를 먹으면 A방에만 찌개 냄새가 난다. 하지만 문을 여는 순간, 2억 개의 분자가 무작위로 움직이면서 얼마 후 두 방에 거의 1억 개씩 분포하게 된다. 냄새를 확률이 정해 준 대로 반반씩 나누는 것!

물리에서는 이 현상을 '엔트로피의 법칙' 또는 '열역학 제2법칙'이라 한다. 에너지는 무질서도가 커지는 방향, 즉 확률이 높은 방향으로 흐른다.

보아뱀 분포

생텍쥐페리의 《어린 왕자》에는 '코끼리를 삼킨 보아뱀' 그림이 등장한다. 중절모처럼 생긴 곡선은 코끼리의 실루엣으로 중간이 낮고 양쪽이 볼록하다.

통계에도 보아뱀처럼 생긴 곡선이 있다.
바로 '쌍봉분포 bimodal distribution'라는 것이다.
대부분의 빅데이터는 하나의 평균을 중심으로 양쪽으로 멀어질수록 낮아지는 종 bell 모양의 정규분포곡선을 따른다. 반면 쌍봉분포는 하늘에 두 개의 태양이 떠 있는 것처럼 두 개의 봉우리 peak 가 공존하는 분포다.

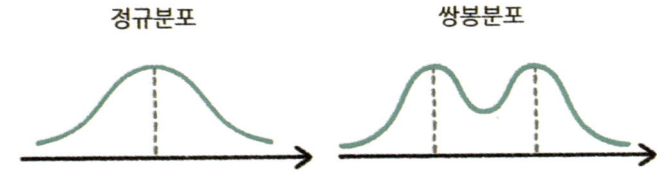

쌍봉분포의 대표적인 예는 다음과 같다.
[1] 여성과 남성의 키의 분포 (여성의 평균 vs 남성의 평균)
[2] 수학 실력이 양극화된 학교의 수학 점수 분포 (수포자의 평균 vs 우등생의 평균)
[3] 지하철 이용객의 시간대별 분포 (출근 시간 vs 퇴근 시간)

프랙탈로 만든 기수법

대표적인 프랙탈 도형인 '시어핀스키 삼각형'은 정삼각형을 4등분하여 가운데를 버리고, 남은 정삼각형도 4등분하여 가운데를 버리는 시행을 반복하면 만들어진다. 마찬가지로 '시어핀스키 양탄자(사각형)'는 정사각형을 9등분하여 가운데를 버리고, 남은 정사각형도 9등분하여 가운데를 버리는 시행을 반복하면 만들어진다.

시어핀스키 삼각형

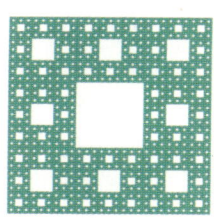
시어핀스키 양탄자

시어핀스키 삼각형은 구멍 난 삼각형 하나를 다음 단계의 구멍 난 삼각형 3개가 둘러싸는 구조를 반복한다. 이는 수학의 3진법과 비슷하다. 마찬가지로 시어핀스키 양탄자는 구멍 난 사각형 하나를 다음 단계의 구멍 난 사각형 8개가 둘러싸는 구조를 반복한다. 이는 수학의 8진법과 비슷하다.

이를 멋지게 활용한 야구 선수가 있다. 그는 시어핀스키 양탄자로 자신만의 목표 달성 계획표를 만들고, 이를 실천해 내며 목표를 하나씩 이루어 낸다. 그의 이름은 '오타니 쇼헤이'다.

오타니의 팔진법

원주율 π=2라고?

그림과 같이 반지름의 길이가 1인 반원 안에 반원을 두 개씩 담는 과정을 만 번쯤 반복하면 만들어지는 미세한 반원의 호의 길이의 합은 처음 반원의 지름과 육안으로는 같아 보인다. ➡ ㉠

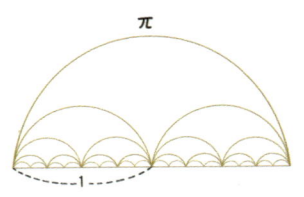

한편 각 단계에서 만들어지는 반원의 호의 길이의 합은 처음 반원의 호의 길이와 항상 같다. ➡ ㉡

그렇다면 ㉠, ㉡에서 π≒2 ??

NO! 이런 오해는 '가비의 리' 이론을 몰라서 생긴다.
가비의 리는 영국, 프랑스, 독일의 블랙핑크 팬이 각 나라에서 각각 $\frac{1}{3}$을 차지할 때, 세 나라가 하나로 통합되어도 블랙핑크 팬은 여전히 $\frac{1}{3}$이라는 이론이다.
수식으로는 다음과 같이 설명할 수 있다.

$$\frac{a}{3a}=\frac{b}{3b}=\frac{c}{3c}=\frac{a+b+c}{3(a+b+c)}=\frac{1}{3}$$

이와 마찬가지로 반원의 호와 지름의 길이의 비는 π:2이므로, 미세한 반원들의 호의 길이의 합과 지름의 길이의 합의 비도 여전히 π:2다.
π는 당연히 2와 같아질 수 없다.

여론 조사의 장난

세 후보 A, B, C를 대상으로 하는 여론 조사가 있다. 총 3,000명의 응답자 중 A, B, C를 1순위로 지지하는 사람은 각각 1,000명씩이다. 응답자는 자신의 1순위 후보로부터 그림과 같은 순서대로 지지한다.

[A가 1순위] A → B → C
[B가 1순위] B → C → A
[C가 1순위] C → A → B

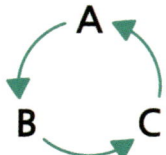

이때 A 후보가 더블 스코어로 최종 승자가 되는 질문이 있다.

첫 번째 질문 B, C 후보 중 누구를 지지합니까?
3,000명 중 A, B를 1순위로 지지하는 2,000명이 B를 지지하게 되어, B가 더블 스코어로 결선에 진출한다.

두 번째 질문 A, B 후보 중 누구를 지지합니까?
3,000명 중 A, C를 1순위로 지지하는 2,000명이 A를 지지하게 되어, A가 더블 스코어로 최종 승자가 된다.

✻ ✻ ✻

여론 조사는 질문의 내용과 순서에 따라 승패가 바뀔 수도 있다.

마르지 않는 상금

2025년 노벨상의 상금은 1,100만 크로나, 한국 돈으로 약 17억 원이다. 그런데 노벨상이 시작된 1901년부터 지금까지 120여 년 동안 수상자는 약 1,000명이다. 노벨이 다이너마이트를 팔아 폭발적인 거액을 묻어 놓았다 해도 얼마 후면 고갈되지 않을까?

NO!

고갈될 가능성은 거의 없다. 땅에 묻어 두지 않고 투자를 하기 때문이다. 예를 들어 2,000억 원의 기금을 연이율 5%의 금융 상품에 투자하면 연 100억 원의 이자가 발생한다. 이자 안에서 상금과 운영비를 충당하면 기금은 줄지 않고 오히려 유지되거나 늘어난다.

이와 비슷한 방식이 '영구연금'이다. 원금을 은행에 묻어 놓고 이자만 따박따박 타 가면, 원금이 줄지 않아 영원히 연금을 받을 수 있다.

이쯤에서 문제!

문제 연이율이 2%일 때, 매년 1억 원씩 자손 대대로 받으려면 은행에 묻어야 하는 원금 S는?

$S \times 0.02 = 1억$ ➡ $S = 50억$ 원

미안하다 자손들아! 이번 생은 남김없이 즐기련다.

마방진의 한가운데

'마방진'이란 가로줄, 세로줄, 대각선에 나열된 수의 합이 모두 같아지는 정사각행렬을 말한다.

가로와 세로가 모두 n칸인 마방진을 n차 마방진 또는 $n \times n$ 마방진이라 한다. 미국의 건국 영웅이자 피뢰침을 발명한 벤저민 프랭클린은 8차 마방진을 만들어 이를 '프랭클린 마방진'이라 명명하기도 했다.[+] 이쯤에서 문제!

> **문제** 그림과 같은 3×3 마방진에 1부터 9까지의 자연수를 하나씩 배열할 때, X의 값은?

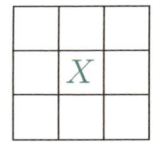

✦✦✦

우선 $1+2+3+\cdots+9=45$이므로 가로줄, 세로줄, 대각선에 나열된 세 수의 합은 $\frac{45}{3}=15$가 된다.

한편 영국의 국기처럼 X를 지나는 네 줄의 합은 $4 \times 15=60$인데, X가 네 번 중복되므로 세 번을 빼면 $60-3X=45$에서 $X=5$가 된다.

마방진의 격전지는 중앙! 수학은 굳이 싸우지 않고도 격전지를 정복하는 것이다.

[+] 프랭클린 마방진은 행과 열의 합은 260으로 같지만, 대각선의 합은 260이 되지 않는다.

오늘날 수학은 뭐다?!

행인에게 "수학이란 무엇입니까?"라고 물어보면 다수는 "수를 다루는 학문"이라고 대답할 것이다. 피타고라스가 "만물의 근원은 수"라고 말한 걸 보면 틀린 말은 아니다.

하지만 오늘날의 수학을 '수를 다루는 학문'으로 정의하면 그 범위가 너무 넓어진다. 과학은 물론, 경제학과 의학에서도 수를 다루고 있기 때문! 21세기의 수학자들에게 같은 질문을 던진다면, 대체적으로 "수학은 패턴 pattern을 찾는 학문"이라고 할 것이다.

실제로 수학의 각 분야는 이런 패턴의 세계를 탐구한다.

- 대수학 Algebra ➡ 수와 연산의 패턴
- 기하학 Geometry ➡ 모양과 공간의 패턴
- 미적분 Calculus ➡ 변화와 운동의 패턴
- 수리논리학 Mathematical logic ➡ 추론과 증명의 패턴
- 확률론 Probability theory ➡ 우연과 불확실성의 패턴
- 통계학 Statistics ➡ 데이터와 관계의 패턴
- 위상수학 Topology ➡ 위치와 근방, 연결의 패턴

이 패턴들은 각 분야가 탄생하던 시대의 현실적 관심사이기도 했다. 기하학이 나오던 시대의 관심사는 '토지 재분배', 미적분이 나오던 시대의 관심사는 '천체의 운동'이었다. 통계학이 나오던 시대의 관심사는 '국가 경영'이었다. statistics라는 단어는 'state(국가)'에서 유래했다.

달력 알고리즘

달력의 세로줄에는 같은 요일의 날짜들이 배열되어 있다. 일주일은 7일! '두 날짜 사이의 간격이 7의 배수면 같은 요일'이 된다. 이를 활용한 달력 속의 '요일 규칙'을 소개한다.

[1] 윤년이 아닌 해의 2월 X일과 3월 X일은 같은 요일이다. ($X=1, 2, 3, \cdots, 28$)

[2] 올해 크리스마스와 내년 1월 1일은 같은 요일이다.

[3] 올해 5월의 달력과 내년 1월의 달력은 같다. 따라서 매년 노동절(5월 1일)과 크리스마스는 같은 요일이다.

[4] 아래의 날짜는 매년 같은 요일이다. 이를 '둠스데이 알고리즘$^{\text{doomsday algorithm}}$'이라고 한다. (월/일)

    4/4, 6/6, 8/8, 10/10, 12/12 ➡ 둠스데이 (같은 요일)

    5/9, 9/5, 7/11, 11/7 ➡ 둠스데이 (같은 요일)

[5] '페르마의 소정리'를 이용하면 자연수 n에 대하여 'n^7일 후와 n일 후'는 같은 요일이다.

$n=3$을 대입하면 오늘이 월요일인 경우 $2,187(=3^7)$일 후는 목요일이다.

대통령이 오래 사는 이유

한국의 전직 대통령 중 자연사로 생을 마감한 이들의 평균 수명은 약 90세다. 미국을 포함한 외국의 사례도 비슷하다. 사고사를 제외하면 대통령의 평균 수명은 유난히 길다. 대통령은 왜 이리 오래 사는 걸까?

	출생	대통령 당선	사망
이승만	1875년	1948년(74세)	1965년(91세)
윤보선	1897년	1960년(64세)	1990년(94세)
최규하	1919년	1979년(61세)	2006년(88세)
전두환	1931년	1980년(50세)	2021년(91세)
노태우	1932년	1988년(57세)	2021년(90세)
김영삼	1929년	1993년(65세)	2015년(87세)
김대중	1924년	1998년(75세)	2009년(86세)

(만 나이가 아닌 연 나이 기준)

이 자료를 보면 대통령에 당선된 평균 나이는 64세다. 따라서 대통령에게 기대되는 수명은 '64세 생존자의 기대 여명' 개념과 비슷하다. 64세 생존자가 26년 더 살 확률은 '마라톤에서 반환점을 한참 지난 주자가 완주할 확률'에 비유할 수 있다. 그리 특별한(희박한) 확률은 아니라는 뜻!

그러고 보니 기뻐할 일이 생겼다. 나이 먹을 때마다 기대 여명도 함께 늘어난다는 사실이다.

026
과학적이다 vs 수학적이다

다음 두 명제의 차이점을 생각해 보자.
  A. 화이자의 코로나 백신은 안전하다.
  B. 삼각형의 내각의 합은 180°이다.

명제 A는 충분한 실험을 통해 "이 정도면 안전하다"라는 절차를 통과해 검증된 지식이다. 이를 '귀납적(경험적) 지식'이라 한다.

명제 B는 한 꼭짓점을 지나고 대변에 평행한 직선을 그으면 증명할 수 있다. 이와 같이 증명으로 입증되는 지식을 '연역적(선험적) 지식'이라 한다.

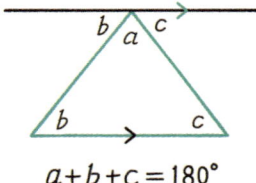

과학적이다 vs 수학적이다

두 표현은 모두 '합리성'에 기반을 두고 있다. 과학적이라는 말은 '실험에 의한 귀납적 검증'을, 수학적이라는 말은 '연산과 증명에 의한 연역적 입증'을 뜻할 때가 많다.

케플러의 타원 궤도의 법칙은 "관찰해 보니, 타원 궤도를 돌던데!"라는 과학적인 지식이었다. 이에 반해 뉴턴의 역학 법칙은 "계산해 보니 타원 궤도로 돌아야만 하던데!"라는 수학적인 지식이었다.

점 vs 소수 vs 원자

물리학자 리처드 파인만은 인류 문명이 멸망하기 직전이라면 후대에 이런 한 문장을 남기겠다고 말했다.

> "만물은 원자로 이루어져 있다."

이 짧은 문장에는 인류가 세상을 궁극의 최소 단위로 쪼개어 이해하려 했던 환원주의적 사고가 들어 있다.

화학자에게 '원자^{atom}'란 수학자에게 '소수$^{prime\ number}$'와 같다. 만물이 원자로 이루어져 있듯이, 모든 자연수는 소수의 곱으로 이루어져 있다.
물 분자(H_2O)에서 H=2, O=3으로 치환하면 물 분자는 12에 비유된다.

$$H_2O = 2^2 \times 3 = 12$$

화학식은 정수론에서 소인수분해와 비슷한 것이다.

기하학의 거장 유클리드는 《원론》의 첫 문장을 이렇게 시작하고 있다.

> "점이란 부분이 없는 것이다."

유클리드의 관점에서 '점'은 쪼개지지 않는 도형의 최소 단위로 '기하학의 원자', '기하학의 소수' 같은 것이었다.

PART II
에피소드 영역

넓이는 유한 둘레는 무한

잡스를 자르면 생기는 일

1985년 스티브 잡스는 자신이 창업한 애플에서 잘린다. 그것도 자신이 뽑은 CEO 존 스컬리에게! 절치부심한 잡스는 픽사^{Pixar}를 인수하였고, 마침내 이런 명작을 세상에 내놓는다.

토이 스토리 Toy Story

당시 애니메이션의 제작 방식은 비트맵^{bitmap}, 다시 말해 잘게 쪼갠 이미지를 한 땀 한 땀 색칠하는 노가다 그 자체였다. 하지만 잡스가 이미지를 벡터^{vector} 그래픽으로 바꾸면서 …

시간과 비용은 대폭 절감
화질과 생동감은 대폭발

세계 최초의 풀 3D 애니메이션이 탄생한 것이었다.
기술과 예술을 조화시키는 20세기판 다 빈치, 스티브 잡스! 그에게 탄탄한 스토리와 작품성은 기본이었다.

기술 점수와 흥행 성적 모두 장외 홈런을 터트린 토이 스토리 덕분에 잡스는 돈방석에 앉고, 애플에 화려하게 복귀하게 된다.

잡스의 힘은 수학의 힘이었다.

스티브 잡스

에펠탑과 수학

에펠탑은 1889년, 프랑스 대혁명 100주년을 기념해 파리 한복판에 세워졌다. 설계자는 구스타프 에펠! 미국의 자유의 여신상을 만든 인물이었다. 에펠탑이 세워졌을 때, 파리 시민들의 반응은 이러했다.

도시의 미관을 해치는 "고철 덩어리"

소설가 모파상은 에펠탑 내부의 식당에서 자주 식사를 했다. 안에서는 에펠탑이 보이지 않는다는 게 그 이유였다.

한편 에펠탑은 당시 세계 최고층 건축물이자 공학기술의 금자탑이었다. 높이 300m의 위용을 뽐내는 이 탑은 18,000개의 금속 조각이 삼각형 트러스 구조를 이루며 7,000톤의 무게를 버텨 낸다. 위에서 보면 오목한 사각형, 옆에서 보면 두 지수함수가 마주 보는 대칭형 곡선으로 수학샘의 눈에 에펠탑은 거대한 수학의 그래프다.

에펠탑의 하단에는 프랑스의 근대화를 이끈 72명의 거장의 이름이 네 면을 두르고 있다. 여기에는 많은 수학자의 이름이 등장한다.

몽주 라그랑주 라플라스 푸리에 푸아송 코시 …

옥에 티는 탄성학에 이바지한 여성 수학자 소피 제르맹이 빠진 것! 탄성학은 에펠탑을 지탱하는 핵심 원리였다.

에디슨 vs 테슬라

역사상 최고의 악연으로 꼽히는 두 발명가

에디슨과 테슬라

20세기만 해도 발명왕 에디슨의 빛에 가려 세기의 천재 테슬라의 존재감은 미미했다. 하지만 21세기에 들어 일론 머스크가 전기차 브랜드 '테슬라'를 성공시키며 에디슨과 테슬라의 라이벌리가 부각되고, 오늘날 적어도 검색량으로는 니콜라 테슬라가 토머스 에디슨을 앞서게 된다.

✦ ✦ ✦

둘의 악연은 1884년 테슬라가 에디슨 연구소에 입사하며 시작된다. 에디슨은 「성과금 5만 달러」를 걸고 테슬라에게 "발전기를 혁신하라"는 미션을 준다. 이에 테슬라는 1년을 꼬박 투자해 "미션 클리어"에 성공한다. 이를 알게 된 에디슨의 반응은 이랬다.

"그걸 믿었어?"

에디슨은 약속을 지키지 않았고, 이에 화가 난 테슬라는 사표를 던지고 경쟁사를 창업한다.

에디슨의 직류 vs 테슬라의 교류

두 천재의 이른바 "아메리칸 전기 전쟁"이 벌어진 것이었다. 영화 〈커런트 워 The Current War〉에서는 이를 잘 묘사하고 있다.

전쟁은 치열했고 때로는 비열했다. 꼼수에 능했던(?) 에디슨은 테슬라의 교류 이미지를 훼손시키기 위해 고압 교류로 동물을 죽이고, 교류로 사형을 집행하도록 로비한다. 둘은 전기 업계의 라이벌을 넘어 철천지원수가 된다.

1915년, 뉴욕타임스는 에디슨과 테슬라가 전기 산업에 기여한 공로로 공동으로 노벨상을 받게 되었다고 보도한다.

그리고 마침내... 둘 다 노벨상을 못 타게 된다.

노벨상 위원회의 공식 입장이 없어 진실은 알기 어렵지만, 그럴듯한 추측 중 하나는 다음과 같다.

"저 인간이랑 받을 수 없어!!"

토머스 에디슨

니콜라 테슬라

해피엔딩 문제

세상에서 가장 달콤한 수학 문제가 있다.

해피엔딩 문제 happy ending problem

1930년대 헝가리의 젊은 수학자 모임에서 여성 수학자 클라인은 다음과 같은 문제를 낸다.

"평면 위에 다섯 개의 점이 있고 어느 세 점도 한 직선 위에 놓여 있지 않을 때, 이 중 네 점을 꼭짓점으로 하는 볼록사각형을 만들 수 있는가?"

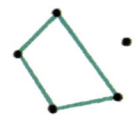 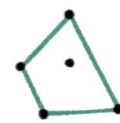 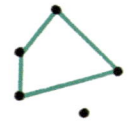

자리에는 남성 수학자 죄르지와 훗날 전설적인 논문 왕이 되는 폴 에르되시도 있었다. 하지만 아무도 문제를 풀지 못했고 클라인은 문제의 증명을 멋지게 보여 준다. 죄르지는 클라인의 지적인 아름다움에 반해 버렸고, 둘은 이 문제를 함께 연구하다가 마침내 부부의 인연을 맺게 된다. 에르되시는 죄르지와 함께 이 문제의 일반화에 대한 논문을 만들며 특유의 유머를 던진다.

"이건 수학 문제 중, 유일하게 해피엔딩이다."

이후 이 문제는 '해피엔딩 문제'라는 별명을 얻게 된다.

죄르지와 클라인 부부는 70년의 결혼 생활 동안 한 번도 싸우지 않고 약속한 듯 같은 날에 세상을 떠난다.

펜로즈 삼각형

1층 ➡ 2층 ➡ 3층 ➡ 1층

이런 계단이 가능할까? 수학자 로저 펜로즈는 이게 가능해 보이는 '펜로즈 삼각형'을 고안한다. 수학 참고서 표지에서 한 번쯤 본 듯한 이 입체는 시각적으로 그럴듯하지만, 실제로는 구현 불가능한 초현실 도형이다. 영화 〈인셉션(2010년)〉에서는 펜로즈 삼각형[그림1]을 활용한 계단이 등장한다. 이 계단 또한 연결되어 보이는 착시일 뿐, 실제로는 끊어진 계단이었다.

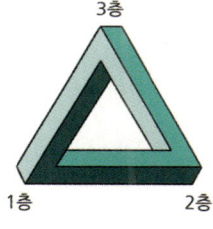

[그림1] 펜로즈 삼각형

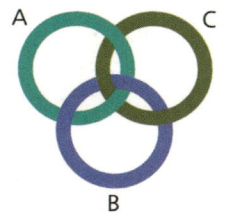

[그림2] 보로메오 고리

비슷한 구조로 '보로메오 고리[그림2]'가 있다. 이 고리는 A 위에 B가, B 위에 C가, C 위에 A가 있는 가위바위보 구조로 고리를 휘거나 자르지 않고는 만들 수 없다. 프랑스의 철학자 자크 라캉은 이 고리로 상상계-상징계-실재계의 상호 의존성을 비유한다.

수학과 철학이 만나는 계단, 그곳은 '초현실 도형'이다.

사라진 타일 한 장

「커리의 삼각형」

이는 마술사 폴 커리가 만든 유명한 퍼즐 트릭이다.

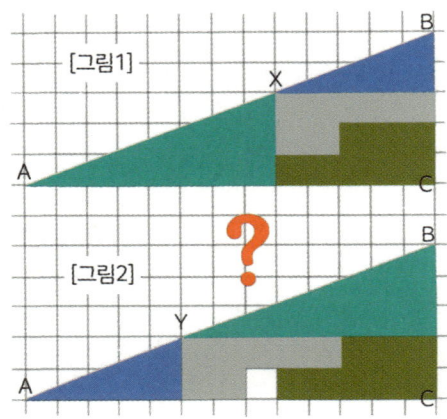

전체 삼각형은 네 조각의 퍼즐로 되어 있다. 이를 재배치하면 타일 한 칸(작은 정사각형)이 구멍 난 삼각형이 만들어진다. 도대체 타일 한 칸은 어디로 사라진 것일까?

* * *

이는 전체 모양이 삼각형으로 보이는 착시일 뿐, 실제로는 두 도형 모두 사각형이다.

[그림1]에서 기울기를 따져 보자.

A부터 B까지의 전체 기울기는 $\frac{5}{13} ≒ 0.385$

A부터 X까지는 $\frac{3}{8} = 0.375$, X부터 B까지는 $\frac{2}{5} = 0.4$

$\frac{3}{8} <$ (전체 기울기) $< \frac{2}{5}$

기울기가 작아졌다가 커졌으므로 □ACBX는 오목사각형!

[그림2]에서 기울기를 따져 보자.

A부터 B까지의 전체 기울기는 $\frac{5}{13} ≒ 0.385$

A부터 Y까지는 $\frac{2}{5} = 0.4$, Y부터 B까지는 $\frac{3}{8} = 0.375$

$\frac{2}{5} >$ (전체 기울기) $> \frac{3}{8}$

기울기가 커졌다가 작아졌으므로 □ACBY는 볼록사각형!

아하!

볼록사각형 − 오목사각형
=사라진 타일

천하의 마술사도 수학은 속일 수 없었다.

몬티 홀 딜레마

반세기 전, 미국의 유명한 TV 게임쇼 〈거래를 합시다〉[+]에는 다음과 같은 문제가 출제되었다. 진행자는 당시 유명한 MC '몬티 홀'이었다.

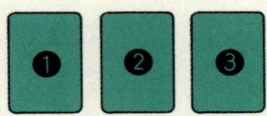

세 개의 문이 있다. 한 문에는 자동차가 다른 두 문에는 염소가 있다. 참가자가 번호 하나를 무작위로 고르면 몬티 홀은 염소가 있는 다른 문 하나를 열어서 보여 준다. 이때 참가자는 답을 바꾸는 게 유리한가?

이 문제는 한 독자가 잡지 《퍼레이드 Parade》의 "메릴린에게 물어보세요" 코너에 질문을 하면서 폭발적으로 유명해진다. 당시 메릴린은 IQ 228로 기네스북에 등재된, 한마디로 지성과 미모를 겸비한 인물이었다. 그녀는 이렇게 답한다.

"자동차에 당첨될 확률은 선택을 유지하면 $\frac{1}{3}$, 선택을 바꾸면 $\frac{2}{3}$가 됩니다."

확률이 반반이라고 생각했던 독자들은 메릴린에게 무려 1만여 통의 항의 편지를 보냈으며, 이 중에는 수학 좀 하는 이과계 지식인들도 포함되

[+] 1960~70년대의 인기 TV 프로그램 'Let's make a deal'

어 있었다.

하지만 메릴린은 당당하게 그 편지들을 공개하며, 자신의 주장을 논리적으로 설명한다. 다음은 참가자가 ❶번 문을 선택했을 때의 경우의 수와 이에 대한 확률이다.

선택을 유지하는 경우

❶	❷	❸	결과
차	염소	염소	당첨
염소	차	염소	꽝
염소	염소	차	꽝

당첨 확률 $\frac{1}{3}$

선택을 바꾸는 경우

❶	❷	❸	결과
차	염소	염소	꽝
염소	차	염소	당첨
염소	염소	차	당첨

당첨 확률 $\frac{2}{3}$

✱ ✱ ✱

설명이 명확했음에도 논란은 계속되었다. 수학자 폴 에르되시는 "확률은 반반"이라는 기존 입장을 고수했고, 컴퓨터를 이용한 반복 시행 '몬테카를로 시뮬레이션'에 판정을 맡기기로 한다. 시뮬레이션 결과, 선택을 유지할 때보다 바꿀 때의 당첨 확률이 두 배 높게 나타났다.

메릴린 WIN !

「몬티 홀 딜레마」라는 이름으로 악명 높은 이 문제는 아직도 논쟁 중이다. 관련 유튜브 영상의 댓글 창만 봐도 그 열기를 실감할 수 있다.

율리우스력 vs 그레고리력

영국과 스페인의 대문호, 셰익스피어와 세르반테스의 사망일은 1616년 4월 23일! 운명의 장난처럼 겹친다.
사실 두 사람의 사망일은 10일 차이가 난다. 영국의 셰익스피어는 '율리우스력', 스페인의 세르반테스는 '그레고리력'으로 사망일을 기록하는 바람에 생긴 해프닝이었다.

지구의 실제 공전 주기는 365.2422일! BC 46년 율리우스가 제정한 율리우스력에서는 0.2422를 $0.25 = \frac{1}{4}$로 어림잡아 4년에 한 번을 윤년으로 책정했다. 하지만 0.25와 0.2422의 오차 때문에 율리우스력이 제정되고 약 1600년이 지나자, 날짜가 실제보다 10일 넘게 앞서게 되었다.
이에 1582년, 교황 그레고리우스 13세는 그레고리력을 제정하여 날짜를 10일 뒤로 조정한다. 많은 유럽국은 그레고리력을 도입했지만, 보수적이었던 영국은 율리우스력을 고수했다. 그 결과 셰익스피어의 사망일이 세르반테스보다 10일 늦게 기록된 것이었다.

과학계에도 비슷한 일이 있다. 1942년 갈릴레이가 세상을 떠나고 뉴턴이 태어난다. 두 과학자의 "운명적인 바통터치"처럼 보인다. 하지만 이 또한 갈릴레이의 사망일은 그레고리력으로, 뉴턴의 출생일은 율리우스력으로 기록되어 생긴 해프닝이었다.

의대보다 순수과학

1930년, 뱀버거 백화점의 상속자였던 루이스와 캐롤라인 남매는 백화점을 매각하고 의과대학을 설립하기 위해 당대 최고의 교육행정가 에이브러햄 플렉스너를 영입한다. 하지만 플렉스너는 더 큰 꿈을 꾸고 있었다.

"의대를 넘어 순수과학의 메카를 만듭시다."

그의 제안은 현실이 되었고, 마침내 붉은 벽돌의 요람 「프린스턴 고등연구소」가 탄생하게 된다.

당시 이과계의 중심은 가우스를 배출한 독일의 괴팅겐을 비롯한 유럽이었다. 그런데 이 무렵 기세등등하던 히틀러는 역대급 바보짓을 한다. 학자들을 억누르기 시작한 것이었다.

탄압이 본격화되자 미국의 프린스턴은 이 기회를 놓치지 않는다. 아인슈타인, 헤르만 바일, 오스왈드 베블렌, 폰 노이만 등 세계적인 석학들을 영입하는 데 성공한 것!

이후 쿠르트 괴델, 프리먼 다이슨, 오펜하이머, 존 밀너 등 이름만 들어도 웅장해지는 석학들이 합류하고 한국이 낳은 세계적인 물리학자 이휘소 박사를 초청하는 등 프린스턴은 20세기 순수과학의 메카로 우뚝 서게 된다. 그 명성은 끈 이론의 에드워드 위튼, 페르마의 마지막 정리를 증명한 앤드류 와일즈로 이어지며 오늘날에도 계속되고 있다.

037
과학사의 스타 동물

과학사에는 아인슈타인에 버금가는 인지도를 가진 동물들이 있다. 그 주인공 네 명(?)을 소개한다.

#1. 파블로프의 개
러시아의 생리학자 이반 파블로프는 강아지에게 종을 치고 음식을 주는 행동을 반복했다. 그러자 강아지는 종소리만 들어도 침을 흘리기 시작했다.
파블로프는 종소리에 대한 반응은 학습에 의한 '조건 반사', 음식에 대한 반응은 본능에 의한 '무조건 반사'라고 말한다. 이 실험은 학습심리학의 기초가 되었다.

#2. 로렌츠의 나비
"브라질에서 나비 한 마리의 날갯짓이 텍사스에 토네이도를 일으킬 수 있다."
기상학자 에드워드 로렌츠가 '나비효과 butterfly effect'를 설명하며 한 말이다. 기상 상태와 같은 카오스의 세계에서는 초기 조건의 미세한 차이가 예측하기 어려운 큰 파장을 초래할 수 있다는 것이었다.
'나비효과'는 세계 대공황이 작은 은행의 파산에서 비롯된 것에 비유되기도 한다.

#3. 피보나치의 토끼

1202년, 수학자 피보나치는 자신의 책 《산반서 Liber Abaci》에서 '토끼의 번식에 관한 수열 문제'를 소개한다.

　　1, 1, 2, 3, 5, 8, 13, 21, 34, 55, …

앞의 두 항을 더하면 다음 항이 되는 이 신기한 규칙은 '피보나치 수열'이라는 이름으로 널리 퍼져 나간다.

이 수열은 소라껍데기, 해바라기 씨, 꽃잎의 개수, 태풍의 소용돌이 등 자연의 패턴에서도 종종 발견되며, 인접한 항의 비율은 황금비(약, 1.618)에 점점 가까워진다. (① ③ ② 참고)

피보나치 수열은 한마디로 '황금비를 낳는 토끼'였다.

#4. 슈뢰딩거의 고양이

20세기 초 양자역학을 주도하던 '코펜하겐 학파'는 전자의 상태가 관측 전에는 중첩되지만, 관측하는 순간 하나로 붕괴된다고 주장한다.

이에 비판적이었던 물리학자 에르빈 슈뢰딩거는 이를 고양이에 빗대어 풍자한다.

"상자 속에 살아 있고 동시에 죽어 있는 고양이가 있다. 상자를 열어 관측하는 순간 고양이의 생사生死는 하나로 결정된다."

"뭐? 고양이의 생사가 중첩 상태라고?!"

대중은 황당해했지만, 코펜하겐 학파는 최고의 비유라며 슈뢰딩거에게 '엄지 척'을 보낸다. 덕분에 '슈뢰딩거의 고양이'는 양자역학의 마스코트가 된다.

지방은 숨길 수 없다

기원전 3세기, 시라쿠사의 왕 히에론 2세는 아르키메데스에게 자신의 왕관이 순금인지 밝혀 달라고 요청한다. 고심하던 아르키메데스는 욕조에 몸을 담그던 중, 물이 넘치는 걸 보고 무언가를 깨닫는다.

"유레카~~!!"(찾았다)

기쁨을 주체할 수 없었던 그는 알몸으로 뛰쳐나와 이렇게 외치며 거리를 활보했다고 전해진다. 유체역학의 '부력의 원리'가 발견된 역사적인 순간이었다.

아르키메데스는 무엇을 깨달았을까?

금은 합금보다 밀도가 높다. 따라서 순금 왕관과 질량이 같은 합금 왕관은 부피가 커져 물이 많이 넘친다는 것!
아르키메데스는 실험에 착수해 왕관이 순금이 아님을 밝혀낸다.

✶✶✶

대중목욕탕에 가면 부력의 원리를 체험할 수 있다. 욕조에 들어갔을 때, 당신이 체중이 비슷한 친구보다 물이 많이 넘친다면 체질 분석 결과는 다음과 같다.

친구는 근육질 vs 당신은 지방질

이발사 역설

세비야의 어느 마을에 이발사가 있다. 그는 이발소 입구에 이렇게 써 붙여 놓았다.

> "셀프 면도를 하는 사람은 면도를 안 해 주고,
> 셀프 면도를 하지 않는 사람은 면도를 해 줍니다."

그런데 문제가 생겼다. 이발사의 면도는 누가 해 주는가?

셀프 면도를 하면, 면도를 안 해 줘야 하니 모순!
셀프 면도를 안 하면, 면도를 해 줘야 하니 모순!

이 모순 덩어리인 에피소드를 '이발사 역설'이라고 한다. "중이 제 머리 못 깎는다"라는 속담이 떠오르는 이발사 역설의 오리지널 버전은 20세기 초 버트런드 러셀이 발표한 '러셀의 역설 Russell's paradox'이다.

Russell's paradox

> 집합 $S = \{X \mid X \notin X\}$라 하면
> $S \in S$이면, $S \notin S$ 이므로 모순!
> $S \notin S$이면, $S \in S$ 이므로 모순!

이로 인해 모든 것을 다 담을 수 있는 집합은 불가능해진다. '러셀의 역설'은 괴델의 '불완전성 정리'와 함께 "수학은 완전한 것"이라는 시대의 희망을 무너뜨린 사건이었다. (041 참고)

수학자가 헌법을 파면

1947년 12월, 천재 수학자 쿠르트 괴델이 미국 시민권 심사를 받기 위해 법정을 찾는다. 증언석에는 그의 절친이었던 아인슈타인과 경제학자 모르겐슈테른[+]이 동석했다. 심사를 맡은 판사 필립 포먼과 괴델이 대화를 나눈다.

 포먼   "선생님은 지금까지 독일 시민권자였습니다."
 괴델   "아닙니다. 오스트리아 시민권자입니다."
 포먼   "아, 그렇군요. 어쨌든 미국에서는 그런(히틀러 같은) 사악한 독재는 불가능합니다."
 괴델   "천만에요. 저는 미국에서도 독재가 어떻게 가능한지 잘 알고 있습니다."

시민권을 따기 위해 미국 헌법을 제대로 파버린 수학자의 반론이었다. 당황한 아인슈타인과 모르겐슈테른은 포먼과 눈빛을 교환하는데 …
다행히도 포먼은 과거에 아인슈타인의 시민권을 심사했던 인물이자 지인이었다. 포먼은 황급히 괴델을 제지한다.
 "선생님이 그걸 다 말할 필요는 없습니다."
법에도 진심이었던 괴델이 하마터면 시민권을 거절당할 뻔한 아찔한 장면이었다.

[+] 오스카 모르겐슈테른 : 폰 노이만과 함께 《게임과 경제적 행동 이론》을 공저한 '게임 이론'의 개척자

불완전성 정리

유명하지 않은 수학자 중 가장 유명한 수학자

쿠르트 괴델

그는 "참인 명제는 반드시 증명할 수 있다"는 수학자들의 희망을 한 방에 무너뜨린 인물이다. 사건의 개요는 다음과 같다.

명제 T : "T는 증명할 수 없다"에 대하여

T가 참이면	T는 증명이 불가능해야 함
T가 거짓이면	T는 증명이 가능해야 함 ➡ T의 내용과 자기 모순!

T는 참이지만 증명이 불가능한 명제였다.

괴델은 이 역설적 상황을 단순한 말장난이 아닌 수학의 언어로 엄밀히 설명하기 위해, 명제에 자연수를 대응시키는 '괴델수'를 고안하고 이를 수학적으로 증명해 낸다.

이 전설의 증명이 〈불완전성 정리〉다.

괴델의 불완전성 정리는 아인슈타인의 〈상대성 이론〉, 하이젠베르크의 〈불확정성 원리〉와 더불어 '절대성'의 벽을 허물어뜨린 "인류 지성사 최고 수준의 쿠데타"였다.

넓이는 유한, 둘레는 무한한 도형

1967년, 수학자 망델브로는 《사이언스지》에 "영국 해안선의 둘레의 길이는 얼마인가?"라는 글을 발표한다. 자의 길이가 짧아질수록 해안선의 둘레는 길어진다는 내용이었다. 이를 동물에 비유하면…

공룡 ➡ 사람 ➡ 생쥐 ➡ 개미 ➡ 아메바

보폭이 짧은 동물일수록 해안선을 많이 걸어야 한다는 주장이었다. 이는 해안선이 '무한 자기 복제성'을 가지는 프랙탈 fractal 구조이기 때문에 일어나는 일이었다.

대표적인 프랙탈 도형인 '코흐의 눈송이'를 보면 이를 이해할 수 있다. 코흐의 눈송이는 정삼각형의 각 변을 삼등분하고 작은 정삼각형을 바깥쪽으로 붙여 나가는 과정을 무한히 반복하면 만들어진다.

처음 정삼각형의 넓이를 S라 할 때, 눈송이의 넓이는 $\frac{5}{8}S$에 수렴한다. 하지만 눈송이의 둘레의 길이는 각 단계마다 $\frac{4}{3}$배가 되어 무한으로 발산한다.

043
부피는 유한, 겉넓이는 무한한 입체

압력의 단위 토르^{Torr}로 유명한 이름, 이탈리아의 수학자 토리첼리가 만든 이상한 입체가 있다.

가브리엘의 나팔[+]

이는 함수 $y=\frac{1}{x}$의 그래프를 $x \geq 1$인 범위에서 x축을 중심으로 회전시켜 만든 나팔 모양의 입체다.

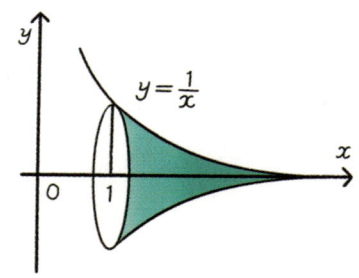

이 나팔의 이상한 점은 "부피는 유한, 겉넓이는 무한"이라는 사실이다.
나팔을 일정량의 페인트로 가득 채울 순 있지만, 그 페인트로 회전면 전체를 칠할 순 없다는 것!

이 황당한 이야기를 '페인트 역설'이라 한다.
면적에는 부피가 없다는 게 함정이었다.

[+] 토리첼리의 뿔, 토리첼리의 트럼펫이라고도 한다. 가브리엘은 구약성경에서 나팔을 부는 천사의 이름이다.

힐베르트 무한호텔

자연수 번호가 적힌 무한개의 방이 있는 호텔에, 자연수 번호를 가진 무한 명의 손님이 각자 자기 번호에 해당하는 방에 투숙하고 있었다.

무한개의 방이 이미 만실이지만 호텔은 새 손님을 받을 수 있다. 기존 손님을 (+1)번 방으로 옮기면 1번 방이 비게 되어 새 손님이 들어갈 수 있다. 이번에는 만실이었던 인근의 '무한호텔'이 갑자기 폐업하여 거기에 투숙하던 무한 명의 손님이 이 호텔로 몰려온다. 하지만 이번에도 호텔은 새 손님을 모두 받을 수 있다. 기존 손님을 (×2)번 방으로 옮기면 모든 홀수 번호의 방이 비게 되어 새 손님이 모두 들어갈 수 있다.

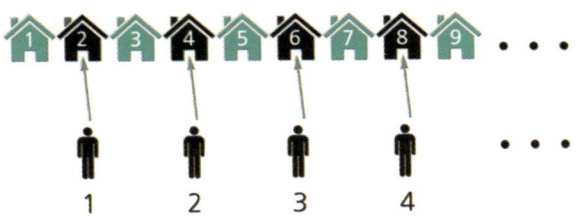

'무한호텔'의 설립자 힐베르트의 생각은 이러했다. 무한에 1을 더해도, 두 배를 해도 그 개수[+](?)는 같다는 것! 이는 자연수의 개수(농도)를 N이라 할 때, "$N+1=N, 2N=N$"이 된다는 믿기 어려운 발상이었다.

무한이란 "전체와 부분이 같을 수도 있는 것"이다.

[+] 자연수의 집합과 같은 무한집합의 경우, 개수보다는 농도 cardinality라는 표현이 적절하다.

실수를 셀 수 있을까?

수직선에서 $0<x<1$인 실수 x는 0.XXXXX… '소수 형식'으로 표현할 수 있다. 만약 이들 전부를 셀 수 있다면 각각에 번호표를 줄 수 있다. (아래의 ①②③…은 번호표이며, X=0, 1, 2, …, 9 중 하나)

① 0.XXXXX… ➡ 0.★XXXX… 으로 교체
② 0.XXXXX… ➡ 0.X★XXX… 으로 교체
③ 0.XXXXX… ➡ 0.XX★XX… 으로 교체
… … … … …

천재 수학자 칸토어는 위의 오른쪽과 같이 이들의 소수점 아래 숫자 중 하나를 다른 수 ★로 교체한다. 대각선 방향으로 ★을 긁으면 다음과 같은 소수가 탄생한다.

0.★★★★★★★…

아하! ①②③ … 중 무엇과도 같지 않으니, 셀 수 없는(?) 새로운 소수가 탄생한 것! $0<x<1$인 실수조차 셀 수 없으니, 실수 전체는 당연히 셀 수 없는 것이었다.

칸토어의 이 황당한(?) 발상을 '대각선 논법 diagonal argument'이라 한다. 자연수의 집합은 셀 수는 있는 무한이지만, 실수의 집합은 셀 수조차 없는 무한이었다.

과학자는 곱슬머리?

로버트 저메키스 감독의 SF 영화 〈백 투 더 퓨처〉에는 실험에 몰두하는 코믹한 곱슬머리 노인이 등장한다.

혹시, 아인슈타인?

감독이 굳이 과학자라고 소개하지 않아도, 등장부터 과학자로 보이는 캐릭터다. 흰 양복에 안경을 쓴 풍채 좋은 올백 머리 노인은 서 있기만 해도 프라이드 치킨 회사 대표로 보일 것이다.
이처럼 특정 이미지로 형성된 대중의 고정관념을 '스테레오타입 stereotype'이라고 한다.

스테레오타입은 우생학+ 같은 편견을 강화하는 데 이용되기도 한다.

"백인이 지능이 높아" "남자는 수학을 잘해"

이런 선입견은 차별을 정당화하려는 유사 과학의 논리일 뿐이다.
하지만 뭐니 뭐니 해도 가장 강력한 스테레오타입은 유명인으로부터 형성된다. 당신은 '칫솔 콧수염'을 보면 어떤 인물이 떠오르는가?

❶ 독재자? (히틀러)　　❷ 희극배우? (찰리 채플린)

\+　Eugenics. 인간종의 개량을 목적으로 하는 유사 과학

047
증명에 빠지면 놓치는 것

아마추어 수학자이자 성공한 사업가였던 파울 볼프스켈은 한 여인에게 구애했지만 거절당한다. 큰 상심에 빠진 그는 권총을 준비하고, D-타임으로 정한 시각에 자신에게 방아쇠를 당기기로 마음먹는다.

✽ ✽ ✽

신변 정리를 마친 볼프스켈은 D-타임까지 남은 시간 동안 도전 중이었던 'FLT[+](페르마의 마지막 정리)'에 손을 대게 되고, 증명에 빠진 나머지 D-타임을 훌쩍 넘겨 버린다.

아차 싶었던 볼프스켈은 ~~권총을 꺼내~~ 권총을 치운다. FLT는 실연을 잊게 해 주고 D-타임을 넘기게 해 준 생명의 은인이었다. 이후 볼프스켈은 10만 마르크를 괴팅겐 대학에 맡긴다. 100년 이내에 FLT를 증명한 사람에게 주겠다는 것이었다.

이 소식이 퍼지면서 첫해에만 600여 개의 잘못된 증명이 날아들었고, 괴팅겐의 수학과장 란다우는 검토에 지쳐 결국 조교들에게 이를 떠넘기게 된다. 페르마의 이름은 '킬러문항 출제자'로 역주행하게 된다.

90년 쯤 지난 1995년, 앤드류 와일즈가 FLT의 증명에 성공하여 볼프스켈 상금을 수령한다. 10년만 늦었어도 상금이 날아갈 뻔했다.

+ Fermat's Last Theorem

죄수의 딜레마

'죄수의 딜레마'는 게임이론의 대표적인 에피소드로 다음과 같은 상황을 제시한다.

> 두 죄수 A와 B가 각기 다른 감방에 있다.
> 둘은 서로 소통할 수 없으며 상대를
> 범인이라고 지목하거나 침묵할 수 있다.
>
> **서로 상대를 지목하면** 둘 다 3년 복역
> **서로 침묵하면** 둘 다 1년 복역
> **한쪽만 상대를 지목하면** 지목한 사람은 석방되고
> 침묵한 사람은 5년 복역

A와 B의 대응에 따른 네 가지 케이스와 그 복역 기간은 다음과 같다.

	B○	B×
A○	둘 다 3년	B만 5년
A×	A만 5년	둘 다 1년

(상대를 지목하면 ○, 침묵하면 ×)

A의 입장에서 보면

case ❶ B가 나를 지목하는 경우

　　A도 지목하면 3년 복역, A가 침묵하면 5년 복역

➡ A는 B를 지목하는 것이 낫다.

case ❷ B가 침묵하는 경우

A가 지목하면 자신은 석방되고, A가 침묵하면 1년 복역

➡ A는 B를 지목하는 것이 낫다.

case ❶ **case ❷** 에서 A의 입장만 따지면 무조건 B를 지목해야 한다. 마찬가지로 B도 자신의 입장만 따지면 A를 지목해야 한다.
그렇다면 둘 다 징역 3년을 살게 되는데, 서로 침묵하여 1년씩만 복역하는 게 좋지 않을까? 문제는 소통이 안 된다는 것!

❋ ❋ ❋

경제학의 아버지 애덤 스미스는 "개인의 이익이 모여 전체의 이익이 된다"라고 말한다. 이에 따라 각자의 이익만 고려하면 상대를 지목하는 게 최선이다.
하지만 인간은 사회적 동물! 서로 종속적인 관계일 수밖에 없다. "개인의 이익이 모여 전체의 이익이 되지 못할 수도 있다"가 게임이론의 핵심이다.

'죄수의 딜레마'에서 각자의 복역 기간을 x년, y년이라 할 때, x, y 제각각을 판단하지 말고 '징역형의 합' $x+y$를 판단하는 게 합리적이다. 둘 다 침묵하면 $x+y$가 최소이므로 서로에게 최선의 전략이 된다.

신비한 수 142857

베르나르 베르베르의 소설 《신》의 주인공 미카엘 팽송은 142857호에 거주한다. 베르베르는 142857의 신비로운 규칙을 잘 알고 있었다.

$$142857 \times 1 = 142857$$
$$142857 \times 2 = 285714$$
$$142857 \times 3 = 428571$$
$$142857 \times 4 = 571428$$
$$142857 \times 5 = 714285$$
$$142857 \times 6 = 857142$$

이 수에 자연수 1, 2, 3, 4, 5, 6을 곱하면 뫼비우스의 띠처럼 1, 4, 2, 8, 5, 7이 순환된다. ( 참고)

또한 142857×7=999999가 되며, 등식을 정리하면

$$\frac{1}{7} = \frac{142857}{999999} = 0.\dot{1}4285\dot{7} = 0.142857142857\cdots$$

1, 4, 2, 8, 5, 7은 $\frac{1}{7}$의 순환마디가 된다.

보너스로 이런 규칙도 있다.

$$142 + 857 = 999, \ 14 + 28 + 57 = 99$$

이래저래 신비한 수다.

바이어슈트라스 함수

해석학의 신, 칼 바이어슈트라스는 모든 점에서 연속이지만 미분불가능한 그래프, 즉 무한히 꺾이면서 연결된 그래프를 생각해 낸다. 이를 '바이어슈트라스 함수'라 한다.

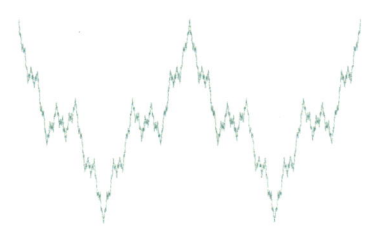

$$W(x) = \sum_{n=0}^{\infty} a^n \cos(b^n \pi x)$$
$0 < a < 1$
b는 양의 홀수
$ab > 1 + \dfrac{3\pi}{2}$

이는 꺾인 모양 안에 꺾인 모양이 무한 반복되는 프랙탈 구조라 가능한 것이었다.

자매품으로 일본 수학자 다카기가 만든 '블랑망제 커브'도 있다. 블랑망제 푸딩처럼 귀엽게 생겼지만 모든 점에서 꺾여 있는 매우 거친 녀석이다.

$$B(x) = \sum_{n=0}^{\infty} \dfrac{s(2^n x)}{2^n}$$
$s(x)$는 x에서 가장 가까운 정수까지의 거리

평면 지도로 지구본 만들기

벽에 붙어 있는 평면 세계지도! 이걸 말아서 구에 붙이면 지구본이 될 수 있을까?

이를 판단하기 위해서는 '곡률의 부호'가 필요하다.
곡률은 관찰자의 시점에서 커브가 볼록하면 양($+$), 오목하면 음($-$) 이다.

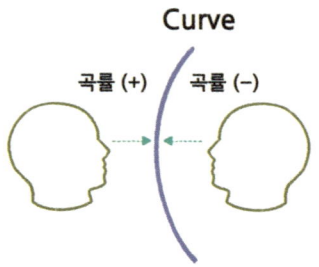

면의 가우스 곡률^{curvature}이란 면 위의 한 점 P에서 교차하는 두 선 l_1, l_2의 최대·최소 곡률의 곱이다.
가우스는 "면을 자르지 않고 말았을 때, 가우스 곡률은 변하지 않는다"는 일명 〈빼어난 정리$^{Remarkable\ theorem}$〉를 발표한다.

이에 따르면 평면 지도의 가우스 곡률은 $0 \times 0 = 0$
구의 가우스 곡률은 (양)$\times$(양)$=$(양)
가우스 곡률은 변할 수 없으니, 평면 지도는 지구본(구)이 될 수 없는 것이었다.

수학 천재 가우스는 굳이 귀찮게…
종이를 말아 보지 않아도 이를 알 수 있었다.

카를 프리드리히 가우스

052
피자를 세로로 마는 이유

당신이 지금 피자 한 조각을 먹고 있다면, 세로로 휘어지게 말아 먹고 있을 것이다. 가로로 휘어지게 말면 토핑이 떨어지니까!

이 역시 가우스의 '빼어난 정리'로 알 수 있다.
갓 만들어진 피자 한 조각은 평면도형이므로 가우스 곡률은 $0 \times 0 = 0$이다. 피자가 휘어져도 '빼어난 정리'에 의해 곡률은 변함없이 0이다.
따라서 피자가 가로 또는 세로로 휘어질 때, 그림의 가로 곡률을 l_1, 세로 곡률을 l_2라 하면 $l_1 \times l_2 = 0$이므로 $l_1 = 0$ 또는 $l_2 = 0$이 된다.

$l_1 = 0$인 경우 $l_2 = 0$인 경우

가로로 휘어지는 경우 「$l_1 = 0$」이 되고
세로로 휘어지는 경우 「$l_2 = 0$」이 된다.

아하! 세로로 휘어지게 말면, 곡률이 0인 l_2라는 막대기를 쥐고 있으니 토핑이 떨어지지 않는 것이었다.

빨대의 구멍 개수

"빨대의 구멍hole은 몇 개인가?"

한때 인터넷을 뜨겁게 달구었던 질문이다. 만약 이 질문을 수학자에게 던진다면, 그는 잠시 생각하다가 이렇게 역질문 할 것이다.

 "여기서 구멍이 정확히 뭘 의미하죠?"

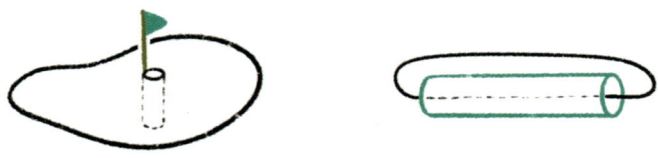

왜냐하면 골프장의 구멍은 빨대의 구멍과는 다른 막힌 구멍! 다시 말해 구멍의 모양(정성적 정의), 폭이나 깊이(정량적 정의)에 대한 기준도 없이 구멍의 개수를 묻는 것 자체가 애매한 질문이라는 것이다.

구멍을 이렇게 정의하면 어떨까?

 "물체에 충분히 긴 링(실)을 끼웠을 때, 빠지지 않는 것"

이에 따르면 빨대의 구멍은 1개, 골프장의 구멍은 0개다.

커피잔=도넛=빨대

'위상수학Topology'이란 도형을 자르지 않고 잘 주물러서 포개어지면 합동으로 보는 것으로 '고무판 기하학'이라고도 한다. 위상수학에서는 합동 대신 '위상동형homeomorphic'이란 표현을 쓴다.
위상수학의 관점에서 다음은 모두 위상동형이다.

커피잔 = 도넛 = 빨대

우리는 지하철역을 점으로, 선로를 선으로 인식하는 '지하철 노선도'를 보고, 실제 지하철 노선의 구조를 인지한다. '위상동형'을 직관적으로 잘 이해하고 있었던 것!

위상수학을 이해하면 거울을 보고 화낼 필요도 없다.
당신의 얼굴은 데이비드 베컴 또는 피비 케이츠[+]와 위상동형이다. 충분히 주무르면 된다.

+ 1980~90년대 한국에서 소피 마르소, 브룩 쉴즈와 함께 '3대 책받침 여신'으로 불리던 청순 미인의 대명사

공중전을 반전시킨 역발상

이차대전이 한창이던 1943년 8월! 연합군은 독일 공습에서 376대의 전투기 중 60대를 격추당한다. 귀환한 전투기 316대의 손상 부위를 분석한 결과, 총알 자국이 주로 동체에 나 있었고 엔진과 조종석 손상은 적었다. 이에 군 수뇌부는 손상이 많은 동체를 집중 수리하기로 한다.

잠시만!!

천재 수학자 에이브러햄 왈드가 강하게 반론을 제기한다. 귀환한 전투기의 엔진과 조종석 손상이 적다는 건 격추된 전투기의 엔진과 조종석 손상이 많다는 것!

왈드는 '손상 부위'와 '귀환'의 상관관계를 확률로 분석하여 엔진과 조종석 손상이 귀환에 실패한 주원인임을 밝혀낸다.

To see is to believe!

멋진 격언이지만, 보이는 대로 믿으면 위의 군 수뇌부처럼 엄청난 착각의 늪에 빠지기도 한다. 이와 같은 착각을 '생존자 편향 오류'라고 한다. 죽은 자는 말이 없으니 생기는 오해였다.

왈드가 오해를 풀어 준 덕분에 연합군은 공중전의 손실을 혁신적으로 줄이고 전세를 반전시킬 수 있었다.

아킬레스와 거북이

기원전 5세기, 수학자 제논은 특별한 주장을 한다. 뭔가 이상했지만 그 누구도 반박하지 못했다.

> **아킬레스와 거북이 역설**
> 육상선수 아킬레스와 거북이가 달리기 경주를 한다. 아킬레스의 속력은 거북이의 10배! 그는 거북이보다 100m 뒤에서 거북이와 동시에 출발한다.
>
> "요이 땅!"
>
> 아킬레스가 100m를 따라잡으면, 거북이는 10m 전진
> 아킬레스가 10m를 따라잡으면, 거북이는 1m 전진
> 아킬레스가 1m를 따라잡으면, 거북이는 0.1m 전진
> … … … …
>
> 이런! 아무리 따라잡아도 거북이는 계속 앞에 있으니 아킬레스는 거북이를 영원히 앞설 수 없다.

그런가? 현대인들도 이 주장에 속아 넘어갈 수 있다.
하지만 아킬레스가 거북이를 따라잡기까지 실제 거리는

$$100 + 10 + 1 + 0.1 + \cdots \fallingdotseq 111.1\text{m}$$

즉, 유한한 거리 내에서만 따라잡을 수 없었던 것이다.
2500년 전 "무한의 합이 유한"이 될 줄은 상상조차 할 수 없었다.
반박이란 상상의 한도 내에서 가능한 것이다.

돌멩이로 만든 수학 공식

홀수를 한 개 더하면 $1=1^2$
홀수를 두 개 더하면 $1+3=2^2$
홀수를 세 개 더하면 $1+3+5=3^2$
　　　… … …

이와 같이 홀수를 n개 더하면 n의 제곱이 된다.
　　$1+3+5+ \cdots +(2n-1)=n^2$ (n은 자연수)
약 2500년 전, 피타고라스 학파(피타고리안)는 이를 도형으로 설명한다.

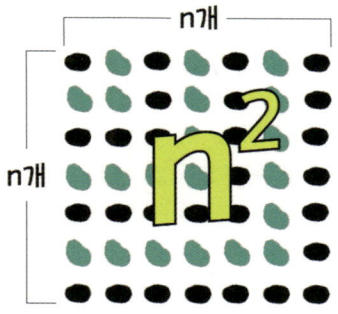

1개, 3개, 5개, …의 돌멩이를 "┘"모양으로 쌓아 나가면 정사각형 모양의 "제곱수" 수열이 만들어진다.
이 멋진 수열을 「사각수 square number」라고 부른다.
피타고라스 학파에게 도형은 수의 일종이었다.

고대인이 지구 둘레를 잰 방법

2200년 전, 알렉산드리아의 도서관장이었던 수학자 에라토스테네스는 지구의 둘레를 재어 보기로 한다. 그 방법은 다음과 같다.

서로 925km 떨어져 있는 두 도시, 알렉산드리아와 시에네에 긴 막대를 수직으로 세운다. 태양 광선이 시에네의 막대를 수직으로 비추는 시점에, 알렉산드리아의 막대와 태양광선의 각이 7.2°를 이루는 것과 '삼각형의 닮음'을 이용한다.

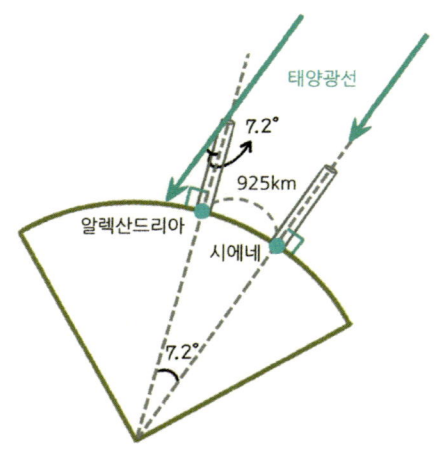

[지구 둘레] : 925 = 360° : 7.2°

[지구 둘레] = $\dfrac{925 \times 360}{7.2}$ ≒ 46,000 (km)

이는 실제 지구 둘레(약 4만 km)와 큰 오차가 없다.
수학자에게 긴~~~~~ 줄자 따위는 불필요한 것이었다.

내각의 합이 270도인 삼각형

삼각형의 내각의 합은 180°

이는 이상적인 유클리드 평면에서만 성립하는 규칙이다.

✳ ✳ ✳

지구를 완전한 구라고 가정할 때, 지구 표면에서 직선을 그어 나가면 지구와 반지름이 같은 원이 만들어진다. 이를 '대원大圓'이라고 한다.

그런데 지구 표면에서 세 직선(대원)을 그려서 만들어지는 삼각형의 내각의 합은 270°가 될 수도 있다. [그림1]

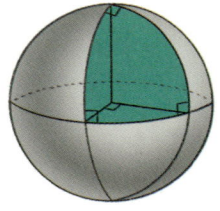
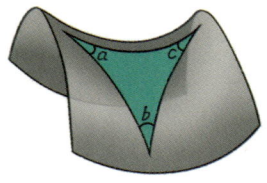

[그림1]   [그림2]

반대로 말안장처럼 오목한 쌍곡면에서 세 직선을 그리면 삼각형의 내각의 합 $a+b+c$는 180°보다 작아진다. [그림2]

이처럼 휘어진 곡면에서의 기하학을 '비유클리드 기하학'이라고 한다. 아인슈타인은 비유클리드 기하학 덕분에 "휘어진 공간이 중력을 만든다"라는 '상대성 이론'을 탄생시킬 수 있었다.

세젤아 공식

1988년, 미국의 수학 잡지 《매스매티컬 인텔리전서 Mathematical Intelligencer》는 피타고라스 정리, 근의 공식 등 쟁쟁한 공식 24개를 최종 후보로 올리고 "세상에서 제일 아름다운 공식"을 뽑는 투표를 했다.
2년 후, 투표 결과는 이렇게 발표되었다.

"세젤아+ 공식은 「오일러 공식」입니다."

그리 놀랍지도 않은 뉴스였다.

오일러 공식 $e^{i\pi}+1=0$

오일러 공식은 수학을 대표하는 다섯 수 $1, 0, \pi, i, e$가 만들어 내는 수학의 교향곡이다. 20세기 최고의 물리학자 리처드 파인만은 이를 "수학의 가장 빛나는 보석"이라 극찬했으며, 수학을 모르는 사람도 이 식을 처음 접하는 순간 "이게 된다고?"라며 감탄하게 된다.

오일러에게 이 정도는 기본이었다. 과학사학자 트루스델은 "18세기 수학, 과학의 $\frac{1}{4}$은 오일러의 몫"이라고 평가했다. 더 놀라운 건 그가 맹인이었다는 사실!

오일러는 한마디로 '눈 감고 우주를 꿰뚫어 본 사람'이었다.

+ 세상에서 제일 아름다운

수학이 벌인 일

인류의 역사는 현생 인류인 호모 사피엔스^{Homo sapiens}의 등장으로부터 약 20만 년이다. 이에 비해 수학의 역사는 탈레스와 피타고라스가 등장하는 그리스 시대를 기점으로 본다면 겨우 2500년이다.

$$200{,}000 : 2{,}500 = 80 : 1$$

불과 $\frac{1}{80}$ 의 시간 동안, 수학은 인류의 삶을 완전히 바꾸어 놓았다. 도대체 수학은 무슨 일을 벌인 걸까?

※ ※ ※

아라비아 숫자와 위치 기수법은 이진법과 디지털로 진화해 블랙핑크의 무대를 천년 후에도 생생하게 볼 수 있게 되었다.

삼각비는 측정 없이 지구의 둘레를 계산해 냈고, 대항해시대를 거쳐 오늘날 세계 여행의 시대를 열었다.

좌표기하학은 GPS 등 위치 정보 기술로 발전해 스마트폰 하나로 전국 맛집 투어가 가능해졌다.

미적분은 로켓의 궤도를 계산해 인류를 달에 착륙시켰다.

행렬과 선형대수는 3D 그래픽 기술을 발전시켜 게임 속 캐릭터를 현실감 있게 구현한다.

통계학은 농구 선수들의 경기력을 극대화하고, 마켓 분석으로 NBA를 글로벌 비즈니스로 성장시켰다.

베이즈 추론 덕분에 넷플릭스는 내 취향을 간파해 오늘 밤에 볼 영화를 골라 준다. 이게 바로 '추천 알고리즘'이다.

소수 이론은 암호 기술의 핵심으로 카톡과 온라인 쇼핑, 계좌 이체를 안전하게 보호한다.

푸리에 변환은 노이즈 캔슬링 기술로 깨끗한 음악을 들려준다.

벡터 해석은 힘과 움직임을 정밀하게 계산해 로봇에게 청소를 시킬 수 있게 만들었다.

군론은 대칭 구조를 분석해 신약 개발과 반도체 기술의 혁신을 이끌었다.

인공지능은 딥러닝과 생성형 언어 모델로 진화해 아빠의 보고서와 아들의 숙제를 … (예끼!!! 😡)

* * *

자, 여러분! 이래도 수학을 안 할 겁니까?!

062
원론 vs 프린키피아

역사상 가장 위대한 수학책은 반박 불가! 다음 두 권이다.

유클리드 원론 | 프린키피아

반박이 불가한 이유는 '역사상 가장 많이 팔린 과학서'[+]라는 실적과, 몇 가지 '공리 axiom'만으로 수학과 자연의 방대한 체계를 논리적으로 제어한다는 점에 있다.

설명을 위해, 김연아 선수가 《피겨의 정석》[+]이라는 책을 펴냈다고 가정해 보자. 책에는 1,000개의 기술이 수록되어 있고, 서문에 다음 세 가지 원칙이 제시되어 있다.

    [1] 주행할 때는 정면을 봐라!
    [2] 점프할 때는 허리를 펴라!
    [3] 회전할 때는 발부터 차라!

이 세 가지 원칙만 따르면 1,000개의 기술이 쏙쏙 장착되어 프로 피겨선수가 될 수 있다. 이 정도면 '마법의 피겨 바이블'로 불러도 되지 않을까?!

[+] 도서 분류 영역에서는 수학서를 과학서에 포함시킨다.
[+] 필자는 피겨의 "피"자도 모른다. 《피겨의 정석》은 실존하는 책도, 이론도 아니다.

유클리드가 저술한 《원론》에는 10개의 공리가 있다.

$$A=B \implies A+C=B+C$$

이런 게 유클리드의 공리다. 확장하면 등식의 양변에 같은 연산을 해도 등식은 성립한다. 이에 따르면 일차방정식 $ax+b=0$의 해는 $x=-\dfrac{b}{a}$가 된다. 유클리드의 공리를 따르면 방정식이 저절로 풀린다.

뉴턴이 저술한 《프린키피아》에는 3개의 공리가 있다.

$$F=ma \text{ (힘=질량×가속도)}$$

이 유명한 수식은 공리 중 일부를 담고 있다. 물체는 힘을 받지 않으면 ($F=0$) 정지 또는 등속직선운동 상태를 유지하고, 힘을 받으면($F \neq 0$) 그 힘에 비례하여 가속도(속도의 변화)가 생긴다.

오늘날 뉴턴이 만든 3개의 공리를 '뉴턴의 운동 법칙'이라고 부른다. 뉴턴의 공리를 따르면 천체의 운동, 밀물과 썰물 등 자연의 운동을 이해할 수 있다.

근대 과학의 아버지 갈릴레이는 "자연이라는 거대한 책은 수학이라는 언어로 쓰여 있다"라고 말했다. 라틴어로 기술된 프린키피아의 원제를 번역하면 다음과 같다.

자연철학의 수학적 원리[+]

[+] Philosophiae Naturalis Principia Mathematica

The Greatest
Math Books

유클리드 원론
초판 BC 300년 경 제작
영문판(표지) 1570년

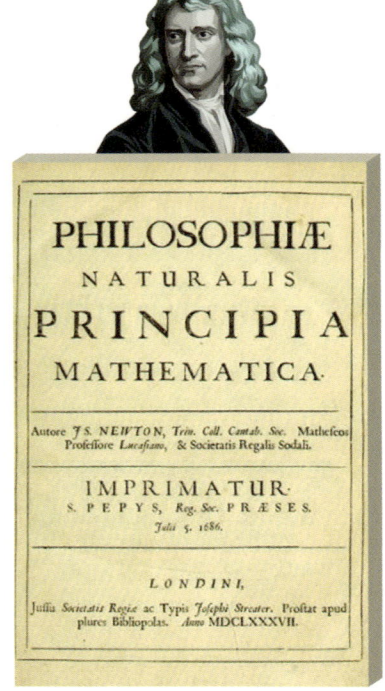

프린키피아
초판 1687년 제작
총 세 권으로 구성

PART III
넌센스 영역

수학으로 고백하기

063
8이상 그리고 8이하

> **문제** 다음 빈칸에 알맞은 것은?
> (1) $2 \leq \square \leq 2$　　　(2) $8 \leq \square \leq 8$

정답 (1) 잇몸 (2) 몸통

(1) 이와 이 사이에 있으니 잇몸, 잇몸 대신 치석도 가능하다.
(2) 팔과 팔 사이에 있으니 몸통, 몸통 대신 어깨도 가능하다. 만약 기지개를 켜고 있다면 머리도 답이 될 수 있다.

너무 과하다고?

그렇다면 유제!!

> **유제** $1 \leq \square \leq 1$

정답 휴식이다.

참고로 이런 답도 가능하다.

(1) 와 (2) 과 (유제) 과 [+]

[+] 이⑭ 이, 팔㉮ 팔, 일㉮ 일 (단어 사이에는 '접속 조사'가 있다.)

삶은 죽음과 같다

> **문제** 다음을 증명하여라. (서술형)
> 「生 = 死」

풀이 ① 절반만 사는 것은 절반을 죽는 것!
$$\frac{1}{2}生 = \frac{1}{2}死 \;\Rightarrow\; 生 = 死$$

풀이 ②
$$\begin{array}{r} \text{not}生 = 死 \\ +\;)\;\underline{\quad 生 = \text{not}死 \quad} \\ (\text{not}+1)生 = (\text{not}+1)死 \\ 生 = 死 \end{array}$$

(단, not ≠ −1)

"삶^{生}은 죽음^{死}과 같다" 증명 끝!

★ ★ ★

다음도 같은 방법으로 증명할 수 있다.

남자=여자, 성공=실패, 행복=불행

아하! 이 논리라면 모든 반대말은 같은 말이 된다.

무리한 수열

> **문제** 등차수열 $\left\{\dfrac{\tan xi}{n}\right\}$ 의 첫째항과 공차는? (단, n은 자연수)

정답 첫째항 4,800, 공차 100 (2025년 서울 기준, 단위는 원)

분모, 분자에서 자연수 n을 약분하면 taxi(택시)가 된다.
택시 요금은 일정한 금액부터 따박따박 올라가는 등차수열이다. 첫째항은 기본요금 4,800원, 공차는 추가 요금 100원에 해당한다.

너무 춥다고?

그렇다면 유제!!

> **유제** 수열 $\left\{\dfrac{\sin x}{n}\right\}$ 의 값은?

정답 6

이번에도 n을 약분하면 된다. six＝6

초코파이의 초코 함량

문제 초코파이 1개(약 40g)에 들어 있는 초코의 양은?
① 약 8g   ② 약 13g   ③ 약 20g

정답 ②번, 약 13g이다.

✱ ✱ ✱

초코파이 1개(약 40g)에 들어 있는 초코의 함량은 다음과 같다.

$$\text{초코 함유율} = \frac{\text{초코}}{\text{초코파이}} = \frac{1}{\text{파이}}$$

$$\text{초코의 함량} = 40\text{g} \times \frac{1}{\pi} \fallingdotseq 13\text{g}$$

보너스 문제 초코파이를 쌓을 수 없는 이유는?

정답 "쌓인파이＝0"이기 때문이다. ($\sin \pi = 0$)

적는 자가 생존한다

한자성어에도 수학이 많이 숨어 있다. 그만 찾고 싶을 만큼!

과유불급 過猶不及 지나칠 과, 같을 유, 아니 불, 미칠 급

"지나치는 것은 못 미치는 것과 같다"는 뜻으로 수학의 **절댓값**과 비슷한 개념이다. 수직선에서 $x=5$일 때와 $x=1$일 때, $|x-3|$은 같다. 5는 3에서 두 칸 "지나친 것", 1은 3에 두 칸 "못 미친 것"이다.

정저지와 井底之蛙 우물 정, 바닥 저, 갈 지, 개구리 와

"우물 안 개구리"라는 뜻으로 수학의 **조건부확률**에 비유할 수 있다. 하늘에 먹구름이 가득한데 우물 안에서 보이는 동그란 하늘에는 구름 한 점 없는 파란 하늘만 보인다면, 우물 안 개구리는 비 올 확률이 거의 0%라고 생각할지 모른다. 조건부확률은 조건이라는 우물에 빠져 하늘이 좁아지는 것이다.

이심전심 以心傳心 써 이, 마음 심, 전할 전, 마음 심

"마음에서 마음으로 전한다"는 뜻으로 수학의 **점화식**과 비슷하다. 점화식이란 이웃한 항 a_n과 a_{n+1}의 관계식으로 올림픽에서 성화에 불꽃이 옮겨붙듯이 전이되는 것이다.

$$a_1 \Rightarrow a_2 \Rightarrow a_3 \Rightarrow a_4 \cdots$$

한편 수열 $\{a_n\}$의 극한이 α에 수렴하는 것은 대체로 α와 같지만, 엄밀하게는 α와 같지 않음을 의미한다.
이를 한자성어로 대동소이 大同小異 [+]라고 할 수 있다.

거두절미 去頭截尾 버릴 거, 머리 두, 끊을 절, 꼬리 미

"머리와 꼬리는 잘라 버린다"는 뜻으로 수학의 **절단평균**에 해당한다. 체조 경기에서 최고 점수와 최저 점수를 버리고 남은 점수의 평균을 구하는 방식과 같다. 머리와 꼬리를 자르면 몸통을 제대로 이해할 수 있는 것!

이합집산 離合集散 떠날 이(리), 합할 합, 모을 집, 흩어질 산

"헤어졌다가 만나고, 모였다가 흩어진다"는 뜻으로 수학에서는 **집합의 연산**이다.
이합집산하면 정치인들이 떠오른다. 이들은 정당이라는 집합을 만들어 서로 합치고(합집합), 버리고(차집합), 공유(교집합)한다. 심지어 해산(공집합)도 한다.

적자생존 適者生存 알맞을 적, 놈 자, 살 생, 존재할 존

"적응하는 자가 생존한다"는 뜻이다. 하지만 수학샘 입장에서는 "**적는 자가 생존한다**"는 멋진 슬로건이다. 학생에게 노트 필기의 중요성을 강조하는 한자성어 드립!

[+] 클 **대**, 같을 **동**, 작을 **소**, 다를 **이**

상형문자 추론

> **문제** X에 알맞은 수는?
>
> 口 (입 구) ➡ 2   日 (날 일) ➡ 3
>
> 目 (눈 목) ➡ 4   田 (밭 전) ➡ X

한자는 대표적인 상형문자이다. 그 모양을 기하학적으로 무리하게(?) 해석하면 다음과 같은 추론이 가능하다.

방법 ❶ 바둑판 최단 경로 문제

각 글자를 바둑판의 일부분으로 보고, 대각선으로 가는 최단 경로를 생각해 보면

　　　口 (입 구) ➡ 2가지 경로　　日 (날 일) ➡ 3가지 경로

　　　目 (눈 목) ➡ 4가지 경로　　田 (밭 전) ➡ 6가지 경로

정답 $X=6$

방법 ❷ 평면 분할 문제

각 글자에 의해 분할된 평면의 개수를 조사해 보면

　　　口 (입 구) ➡ 2가지 영역　　日 (날 일) ➡ 3가지 영역

　　　目 (눈 목) ➡ 4가지 영역　　田 (밭 전) ➡ 5가지 영역

정답 $X=5$

더 다양한 해석은 독자의 몫으로 남긴다.

조립제와 필라테스

수업 시간에 조립제법을 만든 중국 수학자 조립제 이야기를 해 주는데, 학생들이 너무 집중해서 당황스러웠다.

그날은 **4월 1일**

조립제는 실존 인물이 아니다. 진짜 '조립제법'은 1804년 수학자 루피니가 만든 '루피니의 규칙 Ruffini's rule'으로 알려져 있으며, 위나라의 수학자 유휘의 《구장산술》, 조선의 수학자 홍정하의 《구일집》에도 소개되어 있다. 친구들에게 만우절 이벤트로 이런 퀴즈는 어떨까?

> 다음 중 실존 인물이 아닌 사람은?
> ① 마지노선을 설치한 '마지노'   ② 필라테스의 창시자 '필라테스'
> ③ 조립제법의 개발자 '조립제'

정답은... 당연히 ③번이다. 마지노와 필라테스가 실존 인물인 것도 의외로 신기하다.

이차대전 당시, 프랑스의 장군 앙드레 마지노는 프랑스 국경에 만리장성 격인 '마지노선'을 설치했다. 오늘날 마지노선은 '최후의 방어선'이라는 의미로 통용된다. 조셉 필라테스는 일차 대전 당시, 침대에 스프링을 부착한 '캐딜락'이라는 재활 운동 기구와 운동법을 개발했으며, 이 운동이 오늘날 '필라테스'로 발전했다.

문과 vs 이과

"정의"를 영어로 표현하면?
① justice   ② definition

정답은... ①을 답한 사람은 문과, ②를 답한 사람은 이과라는 것이다. 이 질문은 "문과와 이과를 구분 짓는 기준"으로 재미 삼아 언급되는 에피소드다. 또 뭐가 있을까?

[1] "±"를 보고 '흙 토' 또는 '선비 사'를 생각하면 문과, '플러스마이너스(복부호)'를 생각하면 이과. "!"를 보고 느낌표를 생각하면 문과, 계승(factorial)을 생각하면 이과.

[2] "사느냐 죽느냐, 그것이 문제로다"를 듣고 햄릿이나 하이데거의 실존철학을 떠올리면 문과, 양자역학의 슈뢰딩거의 고양이와 양자중첩을 떠올리면 이과.

[3] 레오나르도 다 빈치를 화가로 생각하면 문과, 공학자로 생각하면 이과.

이런! [3]은 특히 공감이 안 된다. 다 빈치는 인류 역사상 가장 뛰어난 문·이과 통합형 인재다. 그의 그림에는 과학이, 그의 발명품에는 인문학이 담겨 있다.

미래에는 문과도 이과도 아닌 "다 빈치과"만이 생존하게 될 것이다.

071
수학으로 고백하기

사랑을 표현할 때는 누구나 창의적이 된다.

有民愛夫理申投美[+]

한자로 고백하는 건 어떨까? 상대방이 해석을 못 할지도 모른다. 그럴 거면 차라리 '수학으로 고백하기' 도전!

[1] 수식으로 고백하기

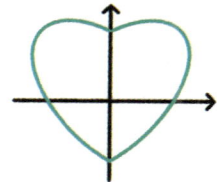

$17x^2 - 16|x|y + 17y^2 = 225$

$(x^2 + y^2 - 1)^3 - x^2 y^3 = 0$

[2] 특별한 수로 고백하기

`128ve980` 위를 가리면 `I Love you`

만약 수학 덕분에 사랑이 이루어진다면, 커플 반지에 각각 $\sin^2\theta, \cos^2\theta$를 새기면 된다. $\sin^2\theta + \cos^2\theta = 1$
"둘이 합치면 하나가 된다"는 멋진 서약이다!

+ 유민애부리신투미 You mean everything to me. 영문을 한자 음독으로 표현했다.

가장 키가 큰 과학자

문제: 다음 중 키가 가장 큰 사람은?
① 유클리드(BC 325?~BC 265?)
② 뉴턴(1642~1727)
③ 아인슈타인(1879~1955)

최고의 과학자이자 수학자로 평가받는 아이작 뉴턴은 이렇게 말했다.

"나는 거인의 어깨 위에서 세상을 본 것뿐이다."

이에 따르면 유클리드의 어깨 위에 뉴턴이, 뉴턴의 어깨 위에 아인슈타인이 올라 있어야 한다. 😄

과학자의 키는 늦게 태어날수록 큰 것이다.

정답 ❸번, 아인슈타인

PART IV
지니어스 영역

데카르트는 놔두라고

073
폰 노이만이 문제를 푸는 법

천재들이 우글대는 프린스턴에서 아인슈타인도 혀를 내둘렀던 우주 대천재 폰 노이만! 누군가가 노이만에게 이런 질문을 한다.

> 200마일 거리의 두 열차가 시속 50마일의 속력으로 서로를 향해 출발한다. 두 열차가 충돌할 때까지 파리가 시속 75마일의 속력으로 두 열차 사이를 왕복한다면 파리가 이동한 거리는?

"150마일"

노타임으로 나온 답이었다.

이 문제는 파리가 왕복하는 거리가 점점 좁혀지기 때문에 자칫하면 무한급수로 풀게 되는데, 두 열차가 2시간 후에 충돌하므로 파리가 달린 거리는 $75 \times 2 = 150$(마일).

사실상 넌센스(?)에 가까운 문제였다.

질문자 "역시 당신은 속지 않는군요. 보통은 무한급수로 풀다가 포기하던데!"

노이만 "아니, 난 무한급수로 풀었는데!"

인간 컴퓨터에게 계산 시간 따위는 필요하지 않았던 것이다.

가우스가 벽돌공이 될 뻔한 사연

수학의 GOAT[+] 가우스의 어린 시절 일화는 유명하다. 9살(?) 즈음, 학교에서 수학샘 뷔트너가 칠판에 문제 하나를 낸다.

$$1+2+3+\cdots+100=?$$

"5050이요"

좀 쉬려고 낸 문제였는데, 가우스가 눈치 없이 뚝딱 풀어 버렸다.
9살(?) 소년의 아이디어는 이러했다.

$$1+2+3+\cdots+98+99+100$$
$$101 \times 50 = 5050$$

훗날 가우스는 유년기의 일화가 언급될 때면 "나는 말보다 계산을 먼저 배웠지!"라고 허풍(?)을 떨었다.

이런 우주 대천재를 낳은 부모님은 얼마나 뿌듯했을까?
아버지는 수학을 푸는 가우스를 보면 "하라는 노가다는 안 하고, 수학을 공부해?!"라며 가업 대신 수학을 공부하는 아들이 못마땅해 격노했다고 전해진다. 다행히도 뷔트너샘이 아버지를 집요하게 설득해 준 덕분에 가우스의 운명은 (벽돌공에서) 수학자로 바뀔 수 있었다.

[+] Greatest Of All Time

075
플라톤의 레고 블록

'청출어람(靑出於藍)'이라는 말은 '제자가 스승보다 뛰어남'을 뜻한다. 이 말을 들으면 고대 그리스 시대의「철학자 3인방」이 떠오른다.

소크라테스 ➡ 플라톤 ➡ 아리스토텔레스

이 중 가운데에 위치한 플라톤은 스승 소크라테스와 제자 아리스토텔레스보다 더 수학에 진심인 철학자였다. 그는 아테네에 '아카데미아'라는 학교를 세우고 입구에 이렇게 써 붙였다.

"기하학을 모르는 자, 이 문으로 들어오지 말라!"

플라톤은 그의 우주론 저서 《티마이오스》에서 우주가 물, 불, 흙, 공기로 이루어졌다고 주장하며 각각을 정다면체에 대응시킨다.

플라톤에게 정다면체는「우주를 조립하는 레고 블록」이었다. 철학자는 이런 거 가지고 논다.

076
수학자와 물리학자의 대화

20세기 전반기 이과계의 두 거장

    수학자 푸앵카레 ｜ 물리학자 아인슈타인

두 천재는 이런 대화를 나눈다.

앙리 푸앵카레

알베르트 아인슈타인

(아) "나는 수학으로 시작했지만 물리로 갈아탔습니다."
(푸) "아, 그래요? 왜 그랬나요?"
(아) "수학으로는 명제의 참과 거짓을 구분할 수 있지만, 어떤 명제가 중요한지 알 수 없으니까요."

(푸) "나는 물리로 시작했는데 수학으로 갈아탔습니다."
(아) "아, 그래요? 왜 그랬나요?"
(푸) "어떤 명제가 중요한지 알 수는 있었지만, 이 명제의 참과 거짓을 구분할 수 없었으니까요."[+]

**수학은 물리의 꼬리를,
    물리는 수학의 꼬리를 물고 있었던 것이다.**

[+] 아인슈타인을 (아), 푸앵카레를 (푸)로 표기했다.

077
수학자들의 허세

#5 아르키메데스
최초의 기계공학자이자, 3대 수학자로 꼽히는 아르키메데스는 이렇게 말했다.

    "나에게 긴 지렛대를 주면 지구를 들어 보이겠다."

자신이 만든 '지렛대의 원리'를 이용하면 수학적으로 충분히 가능하지만, 지구 밖으로 나가는 게 문제다.

#4 갈릴레이
근대 과학의 아버지, 수학자 갈릴레이는 이렇게 말했다.

    "나에게 공간과 시간, 그리고 로그를 주면 또 다른 우주를
    만들어 보이겠다."

아르키메데스의 지렛대 허세를 떠올리게 하는 이 말은 자신의 수학 실력은 물론, 선배 수학자 네이피어가 만든 '최초의 계산기' 로그를 극찬하는 표현이었다.

#3 가우스
3위는 수학계의 GOAT, 가우스의 멘트이다.

    "나는 말보다 계산을 먼저 배웠다."

"엄마"보다 "1+1=2"라고 먼저 말했을 것 같진 않지만, 가우스가 그렇다면 그런 거다.

#2 폰 노이만

인류 역사상 최고의 천재로 평가받는 폰 노이만은 초기 컴퓨터 모델인 애니악[+]이 탄생하자 이렇게 말한다.

"세상에서 두 번째로 계산 빠른 녀석이 태어났네!"

자신이 컴퓨터보다 빠르다는 뜻이었다. 실제로 노이만은 컴퓨터와 다음 문제로 계산 시합을 하여 이겼다고 한다.

문제 천의 자리가 7인 가장 작은 2의 거듭제곱 수는?

정답 $2^{21} = 2{,}097{,}152$ 였다.

#1 페르마

1637년, 페르마는 가지고 있던 책 《아리스메티카 Arithmetica》의 여백에 이런 메모를 남긴다.

"3 이상의 자연수 n에 대하여 $a^n + b^n = c^n$을 만족하는 자연수 a, b, c는 존재하지 않는다."
나는 경이로운 방법으로 이를 증명했지만 여백이 부족하여 증명은 생략한다.

훗날 '페르마의 마지막 정리'로 불리게 된 이 메모 덕분에 350년간 수많은 수학 덕후들이 줄줄이 낚이며 좌절하게 된다. 그러던 1995년, 앤드류 와일즈가 드디어 증명에 성공한다.

[+] ENIAC : Electronic Numerical Integrator And Computer

뉴턴의 허당

최초의 자연 철학자 탈레스는 밤하늘의 별을 보다 우물에 빠진다. 이를 본 하녀는 "발밑도 못 보면서 하늘을 알려 하다니!"라고 비웃었다. 가우스는 자신의 결혼식 날짜를 잊어버렸고, 아인슈타인은 종종 자신의 전화번호와 집 주소를 기억하지 못했다. 폰 노이만은 자기가 어디에 주차했는지 헤매곤 했다.

빈틈이 없어 보이는 수학자나 과학자들은 수학과 과학을 벗어난 일상에서는 한편으로 "허당"이기도 했다. 그리고 이 "허당 수학자" 부문에서 명예(?)의 1위는 아마도 아이작 뉴턴 경일 것이다. 다음은 뉴턴의 활약상.

#6 고양이의 문

자신의 연구 외에는 무심했던 뉴턴! 하지만 키우던 고양이에겐 유독 자상했다. 어느 날 고양이가 새끼를 낳자 특별 선물로 문을 만들어 준다. 어미 전용 큰 문과 새끼 전용 작은 문이었다. 과연 새끼는 작은 문으로 드나들었을까?

#5 스터클리 박사

친구 스터클리 박사를 저녁 식사에 초대한 뉴턴은 깜빡하고 외출해 버렸다. 기다리던 스터클리는 혼자 닭고기를 먹고 뼈만 남겨 놓았다. 집에 돌아온 뉴턴은 뼈를 보고 말했다. "아, 내가 저녁을 먹었군!"

#4 실명 위기

빛의 본질을 연구하던 뉴턴은 거울로 태양 광선을 반사시키며 들여다보았고, 바늘로 자신의 눈과 안구 사이를 찔러 가며 빛의 변화를 관찰한다. 하마터면 실명할 뻔했다.

#3 난로

난로 옆에서 연구하던 뉴턴은 너무 뜨거워서 하인에게 말한다. "난로 좀 앞으로 옮겨 주게!" 하인은 난로 대신, 뉴턴의 의자를 뒤로 빼 주었다. "오, 좋은 생각이군!" 뉴턴이 감탄했다.

#2 다이아몬드

어느 날 뉴턴은 촛불을 켜 둔 채 외출했다. 그 사이 애완견 '다이아몬드'가 촛불을 건드려 불이 나고 수년간의 연구 노트가 몽땅 타 버렸다. 괴팍한 성격으로 유명했던 뉴턴이었지만, 그 순간 다이아몬드를 확! 안아 주었을 것이다.

#1 인간의 광기

뉴턴은 '남해회사 주식 사기 사건'에 휘말려 현재 가치로 약 70억 원을 날렸다. 그는 "천체의 움직임은 계산할 수 있어도 인간의 광기는 계산할 수 없다"며 울분을 토로했다.
수학 실력과 투자 실력은 정비례하지 않는다.

수학자가 주역에 빠지면

계산기와 미적분을 만든 세기의 천재 라이프니츠! 30년 전쟁의 끝자락에 태어난 이 소년은 '훈민정음 서문'같은 기특한 생각을 하게 된다.

**'나랏말쏨이 서로 달라 싸우고들 있으니,
세계를 통합할 새로운 알파벳을 만들 테야!'**

세월이 흘러 라이프니츠는 세계적인 철학자이자 수학자로 명성을 떨치게 되고, 동양 철학에도 깊은 관심을 가지게 된다. 그러던 어느 날 그는 중국의 선교사로부터《주역》을 건네받는다.

"알파벳 찾았다!"

라이프니츠가 주역에서 새로운 언어 "이진법"을 떠올리게 된 것이었다.

✲ ✲ ✲

주역의 '괘'란 동전의 양면처럼 양(──)과 음(− −)을 조합하는 것으로 세 개를 나열하면 $2^3=8$괘가 만들어진다. 이 8괘 중에는 태극기의 건(☰), 이(☲), 감(☵), 곤(☷)이 포함되어 있다.
여기에서 양(──), 음(− −)을 각각 1, 0으로 바꾸면 이진법이 된다.
수학 천재에게 알파벳은 26개? 아니 달랑 두 개면 충분했다.

한 거 없이 유명한 수학자

수험생이면 누구나 한 번쯤 들어 본 '로피탈의 정리'!

> $x=a$에서 $f(x)$와 $g(x)$가 미분가능할 때
> $\lim\limits_{x \to a}\dfrac{f(x)}{g(x)}$가 $\dfrac{0}{0}$ 꼴이면 $\lim\limits_{x \to a}\dfrac{f(x)}{g(x)}=\lim\limits_{x \to a}\dfrac{f'(x)}{g'(x)}$

이는 초스피드 시간 절약 스킬로 간단한 미분 공식만 사용하면 문제가 뚝딱 풀린다. 다만 교과과정 밖의 이론이므로 서술형에서는 사용금지!

예를 들어 보자.

$$\lim_{x \to 1}\frac{x^{10}+x^6-2}{x^2-1}=\lim_{x \to 1}\frac{10x^9+6x^5}{2x}=8$$

그런데 '로피탈의 정리'는 로피탈이 만든 게 아니다.
이 정리는 당대의 수학 명가인 베르누이가의 요한 베르누이가 만들었다. 하지만 야심 넘치던 귀족 기욤 드 로피탈이 베르누이에게 돈을 주고 사는 바람에 '로피탈의 정리'로 불리게 된 것이다.

로피탈! 별로 한 거 없이 유명해진 이름이었다.

3대 수학자가 아닌 사람

보통 '3대 수학자'라 하면 다음 세 사람을 꼽는다.

아르키메데스 | 뉴턴 | 가우스

그런데 이 결과에는 "도대체 오일러가 왜 빠졌죠?"라는 질문이 따른다. 유튜브 채널 매스프레소 MathPresso에서 실시한 '가장 좋아하는 수학자'를 뽑는 투표에서 오일러는 무려 55%의 압도적 지지를 받았다. 오일러의 탈락(?)을 논하기 전에, 우선 '3대 수학자'의 면면을 살펴보자.

#1 아르키메데스

그는 '유레카', '지렛대', '도르래'로 유명한 최초의 기계공학자이자 그리스 시대 최고의 수학자다. 기원전에 이미 원주율, 원의 넓이와 구의 부피를 다루며 미적분의 기초를 세웠다. 필즈메달에 새겨진 그 얼굴이 바로 아르키메데스!

#2 뉴턴

뉴턴은 미적분의 창시자이며, 자연철학의 수학적 원리《프린키피아》한 권으로 수학 + 과학을 동시에 평정했다. 과학사는 뉴턴을 기준으로 둘로 나뉜다.

뉴턴 이전	뉴턴 이후
종교의 시대	과학의 시대

#3 가우스

가우스는 '대수학의 기본정리'로 방정식의 역사에 한 획을 긋고 '소수정리', '황금정리' 등으로 정수론을 수학의 중심으로 끌어올린 반박하기 어려운 수학의 고트^{GOAT}다.

세 사람 모두 3대 수학자로 손색이 없다. 여기에 오일러가 끼어들 자리는 있을까?

보통 어떤 분야에서 "3대 ○○○"을 뽑을 때는 시대별, 업적별 균형이 중요하다. 고대 그리스를 대표하는 아르키메데스를 뺄 명분이 없다는 뜻! 비슷한 예로, 필자 마음대로 육상에서 3대 스프린터를 꼽는다면 제시 오웬스(1913~1980), 칼 루이스(1961~), 우사인 볼트(1986~) 정도인데, 육상의 전설 오웬스를 뺄 수는 없다.

게다가 뉴턴(1642년 생), 오일러(1707년 생), 가우스(1777년 생) 세 사람의 나이 간격은 대략 70년! 뉴턴이나 가우스를 빼고 오일러를 3대 수학자에 넣으면 시대와 연구 주제가 다소 겹치게 된다.

또한 3대 수학자는 '아르키메데스=기하학', '뉴턴=미적분', '가우스=정수론' 등 특정 분야에 큰 획을 그은 반면, 오일러는 다방면에 천재적이었고 교과서의 많은 기호를 만들었다. 굳이 등식으로 표현한다면 「오일러=수학」이다.

수학의 신에게 '인간계 순위'는 큰 의미가 없어 보인다.

제자를 묻어 버린 수학자

2500년 전에 활동했던 신비한 인물 피타고라스! 그는 "세상 만물은 수^{number}"라고 설파하는 종교학파 피타고리안^{Pythagorean}의 교주였다.
여기에서 이들이 말하는 수는 자연수의 비, 즉 유리수의 범주였다. 예를 들어 토끼와 거북이의 체중의 비는 2:5 또는 3:7로 나타낼 수 있다는 것!

그런데 그들은 자신의 심볼인 직각삼각형에서 이상한 점을 발견한다. 직각이등변삼각형의 밑변과 빗변의 비가 자연수의 비가 아니었던 것! 오늘날의 수학으로는 $1:\sqrt{2}$가 된다. 진정한 수학자 집단이었다면 $\sqrt{2}$라는 무리수를 발견한 기쁨에 "유레카^{Eureka}"라고 외쳤겠지만, 그들은 교리에 어긋나는 $\sqrt{2}$를 묻어 버리기로 한다.

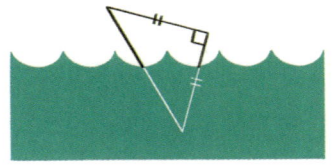

하지만 "임금님의 귀는 당나귀 귀"라고 외쳤던 어느 신하처럼, 히파수스라는 제자가 $\sqrt{2}$의 존재를 발설하고 만다. 이에 격분한 피타고리안은 결국 $\sqrt{2}$ 대신 히파수스를 지중해에 묻어 버린다.

57을 소수로 만든 수학자

'현대 수학의 폭주 기관차', '20세기 최고의 수학자'로 칭송받는 그로센딕은 어느 날 강연에서 이렇게 말한다.

"자, 57과 같은 소수를 생각해 보죠!"

웅성거리던 청중들이 뿜기 시작했다.

$$57 = 3 \times 19$$

57은 소수가 아닌 합성수였다. 암산에 약했던 그로센딕의 흔한 실수였다. 이후 "57"에는 「그로센딕 소수」라는 짓궂은 별명이 붙게 된다.

이 해프닝은 두 가지를 말해 준다.
  ① 모든 수학자가 계산을 잘 하는 건 아니다.
  ② 그로센딕이 '소수'라 하면, 57도 소수가 된다.

그로센딕이 이토록 특별하게 평가받는 이유는 그의 혁명적인 문제 해결 전략 때문이다.

상승법 rising sea

상승법이란 난제를 높은 산에 비유할 때, 무작정 오르기보다 해수면이라는 기반을 서서히 끌어올리면 산이 잠기면서 정상^{peak}만 남게 된다는 발상이었다. 덕분에 그로센딕은 다른 수학자들이 오르지 못했던 수많은 산(난제)의 정상에 가뿐히 오를 수 있었다.

뉴턴이 문제를 푸는 법

1665년, 런던에 흑사병이 퍼지면서 케임브리지의 펠로우였던 아이작 뉴턴은 강제 휴학을 당하게 된다. 덕분에 뉴턴은 고향 울즈소프의 뒷동산에서 사색과 관찰의 시간을 보내게 된다.
그러던 어느 날, 뉴턴의 그 유명한 질문이 튀어나온다.

"사과는 떨어지는데, 달은 왜 안 떨어지지?"

당시의 모범 답안은 약 2000년 전, 아리스토텔레스가 제시한 바 있었다. 사과는 지상(지구)에 있으니 떨어지고, 달은 천상(우주)에 있으니 떨어지지 않는다는 것이었다.

"어디까지가 지상이고 어디부터가 천상이지?"
"혹시 달도 떨어지는 거 아냐?"

계속되는 질문 끝에 뉴턴은 위대한 통찰에 도달한다.

"만물은 서로를 끌어당긴다!"

'만유인력의 법칙'이 탄생한 역사적인 순간이었다. 지상과 천상의 물리 법칙이 다를 이유가 없고, 달도 사과처럼 지구를 향해 떨어진다는 것! 다만 빠르게 지구 주위를 돌고 있어 지구에 닿지 않을 뿐이었다.

질문을 계속 다듬으면, 멋진 답에 수렴하게 된다.

085
진리와 결혼한 여자

기원후 4세기, 세계 문화의 중심은 이집트의 항구 도시 알렉산드리아였다. 여기에는 세계 7대 불가사의 중 하나인 파로스 등대가 불을 밝히고 있었고, 오늘날의 구글에 견줄 만한 대도서관이 있었다.

도서관에서는 석학들의 지식의 향연이 끊임없이 펼쳐졌다. 특히 지성과 미모를 겸비한 수학자 히파티아의 강의는 이웃 나라까지 명성이 자자했다. 그녀는 많은 남성에게 청혼을 받았지만, 그때마다 늘 이렇게 말했다.

"저는 진리와 결혼했어요!"

그러나 이토록 숭고한 도시에 어두운 그림자가 드리운다. 313년 로마의 황제 콘스탄틴이 '밀라노 칙령'을 발표하면서 기독교가 급속히 성장하고, 히파티아가 활동하던 4세기 말에 기독교는 마침내 '로마의 국교'가 된다. 이후 로마의 속주였던 알렉산드리아에서 히파티아는 '이교도의 정신적 지주'로 지목당하고 만다.

그러던 415년 어느 날, 광신도들이 마차에서 내리는 그녀를 습격했고 교회로 끌고 가 잔혹하게 살해한다.

오직 진리와 결혼했던 여성 수학자 히파티아! 비뚤어진 신앙은 위대한 지성을 짓밟고 말았다. 이 사건 이후 사람보다 신이, 과학보다 종교가 우선시되는 1000년간의 중세 과학의 암흑기가 도래한다.

수학자의 묘비문

"시인 기질이 없는 수학자는 진정한 수학자가 아니다."

– 해석학의 신 칼 바이어슈트라스

그래서일까?
수학자들의 묘비문은 때로는 한 편의 시처럼 느껴진다.

#1. 아르키메데스의 묘에는 원기둥과 이에 내접하는 구가 그려져 있다. 기원전 210년경, 아르키메데스의 조국 시라쿠사는 로마의 침공을 받는다. 그가 만든 무기 덕분에 시라쿠사는 로마군에게 큰 타격을 입히며 선전하지만, 마침내 시라쿠사는 함락되고 아르키메데스는 로마의 한 병사에게 죽임을 당한다. 이에 로마의 장군 마르켈루스는 묘비에 그를 상징하는 구와 원기둥을 새겨 준다. 이는 로마가 아르키메데스에게 바치는 한 편의 헌정 시였다.

#2. 가우스의 묘에는 '17개의 날개를 단 별'이 그려져 있다. 이 별은 그가 19살에 고안한 '정17각형의 작도'를 상징하는 것이다. 가우스는 정17각형을 원했지만, 석공이 원과 구분하기 어려워 17개의 날개를 단 것이었다.

#3. 방정식의 아버지 디오판토스의 묘에는 일차방정식 문제가 적혀 있다.

> 그는 일생의 $\frac{1}{6}$을 소년으로 $\frac{1}{12}$을 청년으로 살았으며 인생의 $\frac{1}{7}$이 지나 결혼했다. 결혼 후 5년 후에 태어난 아들은 그보다 절반을 살았고, 아들이 죽은 지 4년 뒤에 그는 세상을 떠났다. 그는 몇 살까지 살았는가?

이 문제는 디오판토스가 사망한 나이를 x라 할 때,

$$\frac{1}{6}x + \frac{1}{12}x + \frac{1}{7}x + 5 + \frac{1}{2}x + 4 = x$$

이 방정식을 풀면 $x=84$, 디오판토스는 84세까지 살았다는 걸 알 수 있다. '방정식의 아버지'다운 묘비문이다.

#4. '현대 수학의 선장' 힐베르트의 묘에는 이런 글귀가 적혀 있다.

> "우리는 알아야만 한다. 우리는 알게 될 것이다."

여기에는 "모든 수학 문제는 결국 해결할 수 있다"는 힐베르트의 꿈과 시대정신을 담고 있다. 하지만 그의 꿈은 '러셀의 역설', '괴델의 불완전성 정리'에 의해 산산이 조각난다.

#5. 논문 왕 에르되시의 묘에는 이런 글귀가 적혀 있다.

> "더 이상 멍청해지지 않게 되었군!"

평생 약 1,500편의 공동 논문을 만들어 낸 그는 "알면 알수록 모르는 게 많아진다"는 깨달음을 특유의 위트로 승화시켰다.

미적분 로열티 전쟁

17세기 수학의 두 거장, 뉴턴과 라이프니츠! 이들은 '미적분의 창시자' 자리를 놓고 정면충돌한다. 갈등은 영국(뉴턴)과 독일(라이프니츠)의 국가적 자존심 싸움으로 번지게 된다. 하지만 라이프니츠는 영국의 왕립학회 회장이었던 뉴턴의 상대가 될 수 없었다.

여기에 설상가상! 라이프니츠는 왕립학회에서 자신이 만든 '라이프니츠 급수'에 대한 표절 시비에 휘말린다.

"혹시, 미적분도 베낀 거 아냐?"

표절 의심은 미적분까지 번지고 라이프니츠는 왕립학회에 소송을 제기하지만, 왕립학회는 회장님의 손을 들어준다.

✦ ✦ ✦

훗날 뉴턴과 라이프니츠는 각기 다른 방식의 미적분 창시자로 인정받게 된다. 뉴턴은 역학의 도구로서의 미적분을, 라이프니츠는 함수의 변화율로서의 미적분을 독립적으로 연구한 것이었다.

오늘날 교과과정에서는 $\frac{dy}{dx}$, $\int$ 등 효율적인 기호를 사용하는 라이프니츠의 미적분을 채택하고 있다. 영국은 미적분 우선권 전쟁에서 승리했지만, 뉴턴의 미적분을 고집하다가 100년 이상 수학이 뒤처지게 된다.

수학은 유전자

수학을 잘하는 비결 중 하나는 유전자다.
이를 몸소 증명한 사람들이 있다.

스위스의 베르누이 가문!

이 가문은 3대에 걸쳐 8명의 위대한 수학자(겸 과학자)를 배출해 낸 이 과계의 어벤져스였다. 그중 대표적인 3인방은 다음과 같다.

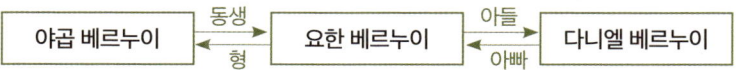

야곱 베르누이는 바젤 문제, 베르누이 나선, 베르누이 분포를 만들었고, 요한 베르누이는 미분의 테크닉 로피탈 정리를 만들었으며, 다니엘 베르누이는 유체역학의 베르누이 방정식을 만들었다.
하지만 이 유전자들은 툭하면 다투었다고 전해진다.

"내가 더 뛰어나다고!" "내가 먼저 만든 거라고!"

지능은 유전되었지만, 지혜는 유전되지 않았던 모양이다.

ANYWAY

그 많은 "베르누이 ○○○"이 한 사람의 작품이 아니었다.

089
수학자는 서양인

왜 유명한 수학자는 대부분 서양 사람일까?
이는 그리스부터 르네상스 시대에 이르기까지 자연철학이 '토론과 증명'이라는 문화를 만나 이루어 낸 결실이었다.
여기에 서양에는 '기호와 인쇄술'이라는 결정적인 무기가 있었다.

1부터 100까지의 자연수의 합을 나타내 보자.
동양 一可二可三可四可五可六可七可…可百[+]
서양 $\sum_{n=1}^{100} n$

수식과 기호를 사용하지 않으면, 수학은 극한의 노가다가 된다. 교과서의 많은 기호는 역시나 오일러가 만들었다.

그리고 15세기 중반, 독일의 구텐베르크는 활판(movable tape)과 프레스 기술을 개발하여 성경을 다량으로 인쇄하기 시작했다. 구텐베르크 덕분에 유럽에는 《유클리드 원론》, 《알마게스트》, 《프린키피아》와 같은 위대한 과학서의 인쇄본이 성경처럼 퍼져 나간다.

구텐베르크보다 약 200년 앞선 시기, 고려에서는 세계 최초의 금속 활자본인 《직지심경》을 찍어 냈지만, 안타깝게도 인쇄술의 큰 발전으로 이어지지 못했다.

[+] 可 : 더할 가

유튜브 최다 출연 수학자

가장 유명한 수학자는 피타고라스, 뉴턴, 오일러, 가우스 중 한 명일 것이다. 한편 유튜브에 가장 많이 나오는 수학자는 누구일까? 정답은 …

"알콰리즈미"

어? 누구냐고? 이름을 빠르게 읽어 보시라.

알콰리즈미 ➡ 알고리즘

아하! '알고리즘 algorithm'의 어원이 알콰리즈미 Al-Khwarizmi였던 것이다. 그는 9세기에 활동했던 페르시아의 수학자로, 당시 바그다드의 세계적인 학술기관 '지혜의 궁'을 상징하는 인물이었다. 제목에 "알자브르 al-jabr"라는 용어를 담은 그의 책은 아라비아 숫자와 방정식을 유럽에 전파했다.
잠깐만! 뭐라고?

알자브르 ➡ 알지브라

대수학을 뜻하는 알지브라 Algebra의 어원은 "알자브르"였다.
알콰리즈미는 한마디로 대단한 아버지였다.

대수학 + 유튜브 + 어원의 아버지

091
일반인의 탈을 쓴 수학자

대중들은 수학자라고 생각하지 않지만, 수학자 못지않은 수학 실력을 가진 사실상 수학자(?)들을 소개한다.

#4 나폴레옹
코르시카섬 출신의 촌뜨기(?)였던 나폴레옹! 그의 출세는 파리에서 포병 장교가 되면서 시작된다. 당시 포병 장교는 삼각함수의 달인이어야 될 수 있었다.

이후 황제가 된 나폴레옹은 학술회의 때 수학자 라그랑주와 라플라스, 몽주를 대동하였으며, 도량형을 통일하고 프랑스의 MIT '에콜 폴리테크니크'를 창설하였다.

나폴레옹 삼각형은 덤!

나폴레옹 삼각형 · 테셀레이션 〈무한도끼〉, 배티 고안 · 에셔의 테셀레이션

#3 에셔
흰 새와 검은 새가 공간을 채우는 〈낮과 밤〉, 흰 천사와 검은 박쥐가 공간을 채우는 〈천국과 지옥〉으로 유명한 천재 판화가 M.C.에셔!

젊은 시절 그는 스페인의 알람브라 궁전을 여행하며 아라베스크 문양에 매료된다. 에셔는 이 경험을 토대로 수학으로 설계된 평면 분할 '테셀레이션tessellation'을 예술의 경지로 끌어올린다. 에셔의 작품은 펜로즈 삼각형, 펜로즈 타일링에 큰 영향을 준다.(032 참고) 로저 펜로즈는 노벨상을 수상한 살아 있는 레전드 수학자다.

#2 나이팅게일

간호사의 대명사 나이팅게일은 크림 전쟁 당시, 통계학의 기념비적인 도표 '로즈 다이어그램'을 만들어 입원 환자의 사망률을 42%에서 2%로 떨어뜨린 현대 통계학의 어머니다. 의사에게 '히포크라테스 선서'가 있다면, 간호사에게는 '나이팅게일 선서'가 있다.

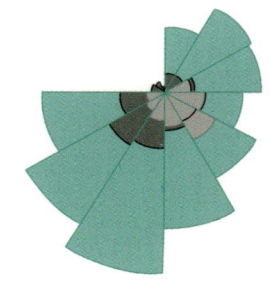

로즈 다이어그램

#1 루이스 캐럴

소설《이상한 나라의 앨리스》의 작가는 루이스 캐럴이다. 캐럴의 본명은 찰스 도지슨! 그는 옥스퍼드 대학교 수학과 교수로, 이 사람은 진짜 수학자다.

아하!

한국 영화 〈이상한 나라의 수학자〉의 제목도 도지슨에게 영감을 받았을지 모른다.
수학자가 상상력과 문장력까지 뛰어나다니!
그냥 이상한 수학자다.

092
동생이 형아에게 준 선물

#1 논문 왕 에르되시(형)와 그레이엄 수$^+$로 유명한 그레이엄(동생)은 22살의 나이 차를 극복하고 콩깍지 같은 절친이 된다. 집도 없이 떠돌이 생활을 하던 에르되시는 그레이엄의 집을 제 집처럼 드나들었고, 그레이엄은 에르되시의 강연료를 관리하는 등 사실상 매니저를 자처했다.
그레이엄은 에르되시에게 재미있는 선물을 준비한다.

에르되시 넘버!

이는 에르되시를 원점(또는 조상)으로 보고, 전 세계 수학자들의 족보 네트워크를 구축하는 특별한 이벤트였다. (011 참고)

#2 최고의 물리학자 아인슈타인(형)과 최고의 논리학자 쿠르트 괴델(동생)은 28살의 나이 차를 넘어 프린스턴의 교정을 함께 거니는 영혼의 친구였다. 어느덧 칠순이 된 아인슈타인! 괴델은 친구에게 특별한 선물을 준비한다.

괴델 우주!

이는 상대성 이론의 중력장 방정식의 해를 구한 것으로 우주는 원운동을 하면 처음 시간과 장소로 돌아올 수 있다는 것이었다. 괴델의 특별 선물은 '타임머신'이었다.

+ 수학적 증명에서 등장하는 가장 큰 수

093
결투로 요절한 수학자

위대한 수학자 리스트에 절대 빠지지 않는 이름

에바리스트 갈루아

그는 대학 입학시험을 일주일 앞두고 아버지가 정치적 음모로 자살하는 일을 겪었고, 교장을 비난하는 기고를 올려 퇴학당했으며, 급진적인 사회운동으로 투옥된다.

에바리스트 갈루아

천재에게 감옥은 상상의 공간이었다. 갈루아는 이곳에서 "오차 방정식의 일반해는 존재하지 않음"을 「군 Group」이라는 개념을 도입하여 증명하는 수학사 최대의 쾌거를 이루어 낸다.

출소 후 갈루아는 의문의 사내와 말다툼 끝에 다음날 새벽에 결투를 벌이기로 한다. 그는 절친에게 그간의 이론들을 방학 숙제 몰아서 하듯 건네며 이런 말을 남긴다.

"훗날 이 깊은 내용을 이해하여
큰 혜택을 누리는 사람이 있길 바라네"

불행한 예감은 어김없이 적중한다. 갈루아는 새벽의 결투에서 총알을 맞고 사망한다. 향년 20세였다. 갈루아의 '군론 Group theory'은 훗날 '추상대수학 Abstract algebra'에 불을 붙인다. 갈루아가 없었다면 '페르마의 마지막 정리'는 아직 증명되지 않았을 것이다.

수학을 잘하게 된 비결

수학은 어렵다. 심지어 수학자에게도 …
하지만 그들은 이렇게 수학의 벽을 넘었다고 한다!

 **수학자 명언 베스트**

#1 유클리드 : 기하학 공부에는 왕도가 없다.

#2 데카르트 : 내가 푼 문제는 다른 문제의 규칙이 되었다.

#3 파스칼 : 현재의 선택이 미래의 확률을 결정한다.

#4 뉴턴 : 진실은 복잡함 속에 있지 않고 단순함 속에 있다.

#5 라이프니츠 : 발명의 근원을 아는 건 발명 자체보다 흥미롭다

#6 오일러 : 인간은 자신의 판단력보다 계산의 힘을 믿어야 한다.

#7 가우스 : 마지막 벽돌을 끼우기 전에는 대성당이라고 할 수 없다.

#8 로바체프스키 : 뜬금없는 수학도 언젠가는 실생활에 활용될 것이다.

#9 드 모르간 : 수학을 이끄는 힘은 추리력이 아니라 상상력이다.

#10 바이어슈트라스 : 시인 기질이 없는 수학자는 진정한 수학자가 아니다.

#11 칸토어 : 수학의 본질은 그 자유로움에 있다.

#12 푸앵카레 : 수학은 다른 것에 같은 이름을 붙이는 기술이다.

#13 폰 노이만 : 수학은 이해하는 것이 아니다. 익숙해지는 것이다.

#14 앨런 튜링 : 무엇이든 상상하는 사람은 무엇이든 만들어 낼 수 있다.

#15 폴 에르되시 : 수학자는 커피를 정리로 바꾸는 기계다.

성우님 목소리, 수학자 명언 듣기

필즈메달 이모저모

2022년 7월 이후, 수학의 노벨상 격인 필즈메달을 모르는 한국인은 많지 않다. 한국계 수학자 허준이가 필즈메달을 수상한 덕분이다. 다음은 필즈메달 이모저모!

#1 앞면에는 아르키메데스의 얼굴과 함께 "자신을 극복하고 세상을 움켜쥐어라"라고 적혀 있다. 뒷면에는 아르키메데스의 묘비에 새겨진 구와 원기둥을 배경으로 "전 세계 수학자들이 탁월한 업적에 대하여 상을 드립니다"라고 적혀 있다.

#2 노벨상에는 수학 부문이 없다. 대신 3대 수학상으로는 필즈메달(필즈상), 아벨상, 울프상이 꼽힌다.

#3 필즈상의 상금은 약 1,600만 원이다. 노벨상(약 17억 원), 아벨상(약 11억 원), 울프상(약 1.5억 원)에 비해 현저히 적다.

#4 2025년 기준으로 역대 노벨상 수상자 수[+]는 약 1,000명이며, 역대 필즈메달 수상자 수는 64명이다. 단순 확률로만 보면 필즈메달이 노벨상보다 받기 어렵다.

[+] 노벨상 수상자의 수는 단체 수상, 마리 퀴리와 같은 중복 수상에 대한 집계 기준에 따라 다르다.

#5 노벨상은 매년 수여하고 나이 제한이 없지만, 필즈메달은 4년마다 수여하고 40세라는 나이 제한이 있어 노벨상보다 올림픽에 비견되기도 한다.

#6 현대 올림픽의 아버지가 프랑스의 쿠베르탱 남작이라면, 필즈메달의 아버지는 캐나다의 수학자 존 찰스 필즈다. 하지만 필즈는 제1회 시상식에 참석하지 못했다. 그보다 4년 전에 과로로 사망했기 때문이다.

#7 2006년 그레고리 페렐만은 '푸앵카레 정리'를 증명한 공로로 필즈메달의 수상자로 선정되었으나 이를 거부한다. 심지어 클레이 수학 연구소가 내건 100만 달러의 상금도 거부한다. 거부 사유는 다음과 같다.
"내가 우주의 비밀을 쫓고 있는데, 고작 100만 달러를 쫓겠는가!"

#8 2014년 필즈메달을 수여하는 세계 수학자 대회 ICM[+]이 한국에서 열렸다. 개최국의 최고 지도자가 참석하는 관례에 따라, 당시 대한민국 최초의 여성 대통령이 최초의 여성 필즈메달 수상자인 마리암 미르자하니에게 메달을 수여하는 장면이 화제가 되었다.

#9 필즈메달의 최다 수상국은 미국(14회), 프랑스(13회)로 박빙이다. 이 중에는 야우싱퉁(미국), 허준이(미국), 응오바우쩌우(프랑스) 등 아시아계가 포함되어 있다.

[+] International Congress of Mathematicians

미이라보다 오래된 공학자

최초의 공학자 하면 기원전 맥가이버, 아르키메데스가 떠오른다. 그런데 아르키메데스보다, 아니 미이라보다 오래된 전설의 공학자가 있었다.

임호텝!

살아 있다면 5000살을 바라보는 그는 역사에 등장하는 최초의 공학자이자 의사로, 피타고라스 정리를 기반으로 피라미드를 설계했고, 무려 48가지의 질병과 암에 관한 지식을 정리했다.
이집트의 왕 투탕카멘의 관에는 이런 글귀가 쓰여 있다.

"왕의 잠을 깨우는 자, 임호텝의 저주를 받으리라!"

이후 고고학 발굴자들이 잇달아 원인 불명으로 사망하자 이 글귀는 '실제 저주'라며 전설처럼 회자된다.

오늘날 임호텝은 영화 〈미이라〉의 빌런이자 게임 〈워해머〉의 캐릭터로도 친숙하다.

그나저나…

피타고라스가 태어나기 2000여 년 전에 피타고라스 정리를 써먹었다는 게 더 신기하다. (010 참고)

수학자가 범인을 찾는 법

스코틀랜드 에든버러의 영주였던 네이피어는 기발한 사람이었다. 어느 날 집에서 귀중품을 도난당한 네이피어는 하인들을 모두 어두운 방으로 들여보내 검은 수탉을 만지게 한다.

"수탉은 범인이 만지면 운다더군!"

하인들이 쑥덕거렸다. 하지만 모든 하인의 차례가 끝나도 수탉은 끝내 울지 않았다. 네이피어는 하인들을 모아 놓고 손을 들라고 한다. 이 중 한 사람을 빼고 손이 검은색이었다. 도둑이 제 발 저려 수탉을 만지지 못했던 것! 네이피어가 닭에 검은 염료를 칠해 범인을 색출한 것이었다.

네이피어는 '검은 닭을 키우는 기인'으로 통하게 되었으며 대포와 양수기 등 다양한 발명을 한다. 이 중 가장 유명한 발명은 '네이피어의 뼈'로 알려진 막대로 당시에는 혁신적인 계산 도구였다.
네이피어는 이를 발전시켜 곱셈을 덧셈으로 바꾸어 주는 혁명적인 계산기 '로그^{logarithm}'를 고안해 낸다.

$$\log(a \times b) = \log a + \log b$$

이후 네이피어는 헨리 브리그스와 '로그표 제작'에 여생을 바친다. 그러나 끝내 완성을 보지 못하고 중풍으로 세상을 떠난다.

아테네 수학 학당

"수학자가 수능 수학을 풀면 만점?"

아마 쉽지 않을 것이다. 예전 수학자들은 비교적 최근(약 100년 전)에 도입된 집합과 명제가 생소하고, 현대 수학자들은 공식을 까먹어 유도하다가 시간이 부족할 것이다. 한국식 '매운맛' 킬러문항은 해석이 만만치 않을 것이다. 좋은 방법이 있다. 수학자 드림팀을 구성해 팀플을 시키면 된다. 다음은 '포지션별 베스트 11'이다.

#팬심반영　#주관적

포지션	플레이어	필살기
방정식	갈루아	대칭성과 군론
중등 기하	아르키메데스	수식 없이 부피 구하기
해석 기하	데카르트	침대에 누워 좌표로 해결
집합과 명제	칸토어	수 체계와 대각선 논법
함수	라이프니츠	컴퓨터 논리 기반 해석
지수와 로그	네이피어	로그표 계산 가능
삼각함수	나폴레옹※	각 계산 자유자재(포병)
수열	코시	무한과 연속성 판단
미적분	뉴턴	역학을 접목한 응용력
확률	파스칼	파스칼 삼각형 활용
통계	로널드 피셔	실험 계획법과 추론 통계

※ 나폴레옹은 수학자는 아니지만, 포병 출신으로 삼각함수에 능했다. (091 참고)

이 정도 라인업이면 수능 수학 만점은 따 놓은 당상!
상상만 해도 가슴이 웅장해진다.

이런 발칙한(?) 상상은 르네상스 시대의 천재 화가, 라파엘로도 한 바 있다. 그의 대표작 〈아테네 학당〉에는 고대 그리스-헬레니즘 시대에 활동했던 어벤져스급 지성인들이 한자리에 모여 자유로운 캠퍼스의 낭만을 보여 준다.

물론 이들이 실제로 한자리에 모인 적은 없다. 등장인물 중 소크라테스와 히파티아는 약 800년의 시간차가 난다.

과학사에서는 이런 일이 실제로 일어난 적이 있다.
바로 1927년 10월에 있었던 '제5차 솔베이 회의'다.

〈지상 최강의 정모〉라는 별명을 가진 당시의 단체 사진에는 아인슈타인을 비롯해 하이젠베르크, 파울리, 슈뢰딩거, 플랑크, 보어, 퀴리, 로렌츠, 콤프턴, 드 브로이, 폴 디랙 등 노벨상 수상자 17명이 등장한다.

기회가 된다면 어느 멋진 화가의 손을 빌려 세상을 바꾼 레전드 수학자들을 한 화폭에 담고 싶다. 제목은 〈아테네 수학 학당〉 정도가 될 것 같다.

데카르트는 놔두라고

생각의 천재 데카르트는 어려서부터 몸이 허약해 침대 생활에 의지했고, 늦잠을 자는 바람에 학교에 지각을 밥 먹듯이 했다. 이에 교장 선생님은…

"데카르트는 놔두라고!"
천재에게 특별 지각을 허락해 준다.

르네 네카르트

성년 이후에도 침대 생활을 지속하던 데카르트는 천정에 파리가 기어가는 걸 보고 기발한 생각을 한다. "파리의 위치를 좌표로 나타내면 어떨까?" 데카르트는 이 질문을 발전시켜 「좌표기하학」을 만들어 낸다. 좌표기하학은 '미적분' 탄생의 서막이었다.
또한 데카르트는 코기토 명제+ "나는 생각한다, 고로 존재한다"라는 근대 철학의 개회사를 발표하며 철학에도 새로운 이정표를 제시한다.

이후 그는 유럽 최고의 지성으로 이름을 날리며 스웨덴의 젊은 여왕 크리스티나의 스승으로 부임한다. 그러나 열정 넘치는 여왕이 새벽 수업을 시키는 바람에 데카르트는 폐렴에 걸려 사망한다. 향년 55세였다.

"데카르트는 놔뒀어야죠!!"

+ 라틴어로 Cogito, ergo sum

PART V
테크닉 영역

캥거루와 자율주행

달에서 지구로 사진 보내기

1969년은 인류가 달에 처음으로 발을 디딘 특별한 해다. 당시 아폴로 11호의 그 유명한 달 착륙 사진들은 지금도 가끔 '조작 논란'에 휘말린다. 더 놀라운 점은 우주선이 귀환하기도 전에 그 사진들이 지구에 도착했다는 사실이다. 어떻게 이런 일이 가능했을까?

사진을 아주 작은 픽셀pixel로 쪼개고 각 픽셀의 컬러를 8개의 칸이 있는 가상의 막대에 0 또는 1을 채우는 이진binary 데이터로 변환하여 전송한다. 막대에 표현 가능한 컬러는 $2^8=256$가지다. 예를 들어

| 0 | 0 | 0 | 0 | 0 | 0 | 0 | 0 | 퓨어 블랙
| 1 | 1 | 1 | 1 | 1 | 1 | 1 | 1 | 퓨어 화이트

다른 색들은 0과 1의 다양한 조합으로 표현된다. 지구에서는 도화지를 펼쳐 픽셀로 나누고, 막대에 저장된 컬러를 픽셀에 입히기만 하면 된다. 사진이라는 아날로그 정보를 수학으로 주고받은 셈이다.

이런 일이 가능했던 건, 정보 과학의 슈퍼스타 클로드 섀넌이 '비트bit'와 '디지털digital'이라는 개념을 만들어 준 덕분이다. 막대의 한 칸은 「1비트」, 막대 하나는 「8비트=1바이트」라는 디지털 정보의 기본 단위였다.

101
포토샵과 일러스트

디자인 프로그램의 양대 산맥은? 바로 포토샵과 일러스트다.[+]
포토샵은 수학으로 비유하자면 적분 integral 이다.

적분積分 = 쪼갤分 + 쌓을積

말 그대로 '쪼개어 쌓는' 것! 포토샵은 이미지를 수많은 픽셀로 잘게 나누고, 그 픽셀 하나하나에 색을 채워 이미지를 만든다.
포토샵이 적분이라면 일러스트는 벡터 vector 다.

벡터 = 크기 + 방향

역학에서 벡터란 크기와 방향을 가진 물리량으로 보통 화살표(→)로 나타낸다. 일러스트의 '벡터 이미지'는 역학에서의 벡터와는 용도가 다르지만, 점과 선, 도형을 수식으로 조합해 만든다. 그래서 일러스트의 모든 요소는 화살표처럼 방향을 바꾸거나 길이 조절을 할 수 있다.
포토샵으로 만든 이미지는 확대하면 픽셀이 커져 깨지지만, 일러스트로 만든 이미지는 현수막 크기로 확대해도 깨지지 않는다. 이게 바로 벡터의 위력이다.

[+] 공식 명칭은 Adobe Photoshop, Adobe Illustrator

뫼비우스의 띠

1978년 발간된 조세희의 연작소설 《난장이가 쏘아올린 작은 공》의 첫 번째 단편은 '뫼비우스의 띠'였다. 이 작품에서 선과 악은 서로 순환하는 관계로 표현되었다. 한국 문학에도 등장하는 「뫼비우스의 띠 Möbius strip」는 1858년 독일의 수학자 뫼비우스가 고안한 도형으로, 긴 종이테이프의 한쪽 끝을 비틀어 다른 쪽 끝에 붙이면 만들 수 있다.

뫼비우스의 띠는 '안'과 '밖'의 구분이 없는 단 하나의 면을 가진 도형이다. 천재 판화가 M.C.에셔는 이를 개미의 움직임으로 표현했다. 띠의 안쪽을 걷던 개미는 어느새 바깥쪽을 걷는 모습으로 드러난다.

일상과 무관할 것 같았던 뫼비우스의 띠는 오늘날 공장의 컨베이어 벨트나 에스컬레이터의 벨트에 활용된다. 띠의 안과 밖이 모두 닳아 경제적이고, 비틀린 구조 덕분에 바퀴에서 이탈하는 비율이 적기 때문이다.

뫼비우스의 띠는 그 모양과 철학적 의미에서 무한대 기호(∞)와 연결된다. 무한대 기호는 뫼비우스의 띠보다 이른 17세기, 수학자 존 월리스가 고안했다.

클라인 병

《난장이가 쏘아올린 작은 공》의 10번째 단편은 '클라인 씨의 병'이다. 1882년 수학자 펠릭스 클라인은 뫼비우스의 띠의 입체 버전 「클라인 병 Klein bottle」을 고안했다. 원기둥 모양의 긴 호스를 도넛처럼 둥글게 말다가, 호스의 한쪽 끝을 비틀어 입구의 나오는 방향으로 붙이면 클라인 병이 완성된다.

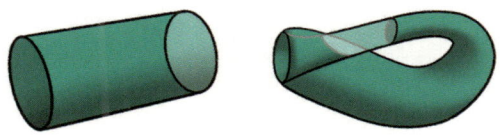

도넛은 안쪽 면과 바깥쪽 면이 구분되지만, 클라인 병은 뫼비우스의 띠처럼 안과 밖의 구분이 없다. 만약 현실 세계에서 클라인 병을 구현할 수 있다면, 다음과 같은 초현실적인 일이 가능해진다.

구 뒤집기 | 귤 안 까고 먹기 | 피 안나게 수술하기

1958년 수학자 스티븐 스메일은 실제로 구 뒤집기에 성공한다. 물론 구가 자신의 표면을 뚫을 수 있다는 조건이었다.

황당한 가정이지만, 만약 우리가 우주라는 클라인 병 속의 개미라면 언젠가 우주 밖으로 기어나갈 수 있을지도 모른다.

4색 정리

1852년 프랜시스 구드리는 영국의 지도를 색칠하다가, 서로 인접한 주(州)를 단 네 가지 색으로 구분할 수 있다는 사실을 알아낸다. 구드리는 이를 스승이자 저명한 수학자인 드 모르간에게 전하며, 모든 지도를 네 가지 색으로 구분할 수 있는지 묻는다. 이게 바로 '4색 정리'다.

> **4색 정리** : 인접한 영역을 서로 다른 색으로 칠할 때, 모든 지도를 4가지 색으로 구분할 수 있다.

수학자들은 지도의 각 지역을 점으로, 인접한 영역을 선으로 바꾸는 '그래프 이론'으로 다음 규칙을 얻어낸다.

"평면에서 다섯 점의 완전 그래프[+]는 불가능하다."

뭔가 될 듯한 분위기였지만, 이후 100년 넘게 4색 정리를 증명하지 못했다. 노가다의 끝판왕이었기 때문!

그러던 1976년, 수학자 볼프강 하켄과 컴퓨터 과학자 케네스 아펠은 지도에서 인접 영역의 연결 상태를 1,936개의 패턴(나중에 633개로 줄어듦)으로 분류하고, 컴퓨터를 무려 1,200시간 가동하여 증명에 성공한다.

4색 정리는 '인간과 컴퓨터가 협업하여 증명한 최초의 수학 난제'로 기록된다.

[+] 서로 다른 두 점을 모두 선으로 연결한 그래프

코카 vs 펩시

당신은 눈을 가리고 코카콜라와 펩시콜라를 구분할 수 있는가? 이런 질문을 받으면 호기가 발동해 블라인드 테스트에 도전하지만 대다수는 실패한다. 그런데 누군가가 네 번 연속으로 코카와 펩시를 구분하는 데 성공한다면, 그는 과연 '신의 미각'을 가진 걸까?

이런 애매한 상황에 기준을 제시한 인물이 있다.

추론 통계학의 아버지 로널드 피셔!

그는 콜라 대신 '밀크티 테스트'를 제안한다.

> **피셔의 밀크티 테스트**
> 8잔의 밀크티 중 4잔에는 우유를 먼저, 4잔에는 차를 먼저 넣는다.
> 테스트 참가자는 8잔을 모두 맛보고, 우유를 먼저 넣은 네 잔을 고른다.

만약 어떤 참가자가 우유를 먼저 넣은 4잔을 모두 맞힌다면, 단순히 찍어서 성공했을 확률은 1.4%에 불과하다. 이 정도면 우연으로 보기 어렵고, 참가자가 '신의 미각'을 가진 것으로 인정해도 된다는 것이었다. 통계는 100%가 아니어도 결론을 내리는 학문이다.

**이 정도면 범인이다   이 정도면 안전하다
이 정도면 당선이다   이 정도면 사실이다**

이런 판단이 가능해진 건 피셔 덕분이다.

창보다 강한 방패

전통적인 암호는 '비밀키 암호'다. 이 암호는 비밀키가 노출되는 순간 탄로가 나는 치명적인 약점이 있었다.

1977년 리베스트, 샤미르, 에이들먼은 발상을 전환하여 키를 공개하기로 한다. 그들은 자신들의 이니셜을 따서 'RSA[+]암호'를 만들고 매머드급 소수_{prime number}를 곱해 공개키를 세팅한다. 이런 류의 곱은 역으로 소인수분해하기 어렵다는 게 핵심이었다.

그리고 1985년, 닐 코블리츠와 빅터 밀러는 RSA보다 짧은 키로도 안전성이 보장되는 '타원곡선 암호' ECC[+]를 개발한다.

RSA & ECC

이 조합이면 공개키 암호는 거의 철벽 방패였다.

그러던 1994년, 미국의 수학자 피터 쇼어가 '쇼어 알고리즘_{Shor's algorithm}'을 발표한다. 양자컴퓨터를 사용하면 큰 수의 소인수분해와 타원곡선 암호의 해독이 가능해진다는 것! 양자컴퓨터가 상용화되면 카톡은 물론, 은행 거래 내역도 속수무책으로 털리게 될 것이다.

우리에게 유일한 희망은 어느 걸출한 사피엔스가 나타나 양자컴퓨터(창)가 뚫을 수 없는 새로운 암호 생태계(방패)를 만들어 주는 것이다.

[+] **R**ivest + **S**hamir + **A**dleman

[+] **E**lliptic **C**urve **C**ryptography

107
수학의 정석 vs 바둑의 정석

바둑판에는 가로세로 19×19, 총 361개의 점이 있다. 바둑은 이 361개의 점을 좌표로 하는 좌표기하학에 비유할 수 있다. 이 중 정중앙에 있는 점을 바둑에서는 하늘의 중심, 천원天元이라고 하는데 수학에서 원점과 비슷하다. 바둑판은 천원을 중심으로 점 대칭성을 가지고 있다.

이를 악용(?)하여 초보자가 고수를 이기는 황당한 전략이 있다. 초보자가 먼저 천원에 돌을 둔다. 고수가 (a, b)에 두면, 초보자는 천원에 대한 대칭점인 $(-a, -b)$에 두는 방식이다. 이 짓(?)만 계속 반복하면 초보자는 이론상 승리할 수 있다. 단, 중간에 바둑돌이 따먹히거나 천원을 빼앗기면 대칭성이 무너진다. 현실에서는 불가능한 전략이다.

한편, 1966년 발간된 국가대표 수학책《수학의 정석》에는 "이럴 땐 이렇게 풀어라"하는 의미의 정석 이라는 문제 해결 매뉴얼이 나와 있다. 그런데 원래 정석定石이라는 말은 "이럴 땐 이렇게 두어라"하는 의미의 수천 년 묵은 바둑 매뉴얼이다.

하지만 2016년, 전통의 매뉴얼을 무시하는 학생이 나타났다. 바로 '알파고AlphaGo'[+]다. 이 창의적인 학생은 정석대로 풀지 않아도 선생님보다 훨씬 빠르고 정확하다. 교사의 권위는 사라진 지 오래다. 적어도 바둑에서는!

+ 바둑을 영어로 'Go'라고 한다.

108
캥거루와 자율주행

GPS가 장착된 내비게이션은 "3초 후 캥거루가 튀어나옵니다"와 같은 돌발 상황을 알려 주지 못한다. 내비게이션은 기본! 자율주행의 핵심은 'SLAM(슬램)'[+]이라는 엄청난 순간 대처 능력을 가진 센서다. SLAM에는 카메라와 레이더는 물론, '라이다 LiDAR'라는 첨단 장비가 탑재되어 있다.

라이다 = 빛(light) + 레이더(radar)

라이다는 이름 그대로 도로 위에서 레이저 빔을 원형으로 쏘고, 주변 물체에 반사되어 돌아오는 시간을 측정하여 돌발 상황이 발생할 확률을 감지한다. 캥거루가 튀어나올 확률이 치솟는 순간, 자율주행차는 즉시 반응한다.

SLAM의 핵심 원리는 '베이즈 정리 Bayes' theorem'다. 수학자 토머스 베이즈는 확률은 조건에 따라 달라진다는 '사후 확률' 개념을 제안한다. 우산을 챙길지는 하늘을 보고 판단하자는 것! GPS가 사전 확률을 제공한다면, SLAM은 사후 확률을 '베이즈 정리'로 실시간 보정해 주는 셈이다. 여담으로 캥거루는 자율주행차를 가장 당황시키는 동물이라고 한다. 모양과 운동 패턴이 특이하기 때문이다.

[+] **S**imultaneous **L**ocalization **A**nd **M**apping (동시 위치 파악과 지도 제작)

점 (a, b, c, d)를 담는 공간

수학에서 '차원 dimension'이란 변수의 개수, 쉽게 말해 숟가락을 하나씩 얹어 가는 것이다.

    1차원의 점은 (a)

    2차원의 점은 (a, b)

    3차원의 점은 (a, b, c)

    4차원의 점은 (a, b, c, d)

    5차원의 점은 (a, b, c, d, e) …

1차원의 점은 직선에, 2차원의 점은 평면에, 3차원의 점은 공간에 담을 수 있다. 하지만 4차원의 점 (a, b, c, d)부터는 안정적으로 담을 수 있는 기하적 공간이 없다. 물론 이에 대한 시도는 있었다.

유클리드 4차원 공간(R^4)
그리고 민코프스키 시공간

R^4에서는 좌표축의 수직 관계와 거리 개념이 모호해진다.

민코프스키 시공간의 좌표는 (x, y, z, ct) 즉, 3차원 공간에 시간축을 얹은 것으로, 시간축이 비유클리드적 성질을 가진다. 이 또한 완벽한 4차원 공간은 아니다.

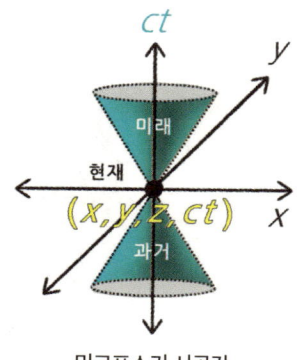

민코프스키 시공간

유튜브를 배속하면

피타고리안에게 음악이란 수들의 조화로운 향연이었다.
하프를 예로 들면, 현의 길이들이 자연수 비를 이룰 때 조화로운 화음으로 연주되고, 음의 높이는 현의 진동수에 비례한다는 것!

오늘날 유튜브를 배속으로 보면
이렇게 근엄한 소리가 이렇게 방정맞게 들린다

이는 음파의 진동수가 두 배가 되면 음이 한 옥타브 올라가기 때문으로 피타고리안의 주장과 일치한다.

도 레 미 파 솔 라 시 도

더 놀라운 건, 2500년 전에 '주기함수'의 개념을 이해했다는 사실이다.

노이즈 캔슬링의 마법

에어팟을 처음 끼우던 순간, 온 세상이 깨끗해지는 느낌이었다.

노이즈 캔슬링 noise cancelling

이는 소리를 두 삼각함수 $y=\sin x$와 $y=\cos x$의 조합으로 만들 수 있다는 천재 수학자 푸리에의 발상에서 시작되었다. 이를 활용하면 복잡한 소리에서 특정 주파수의 성분 $y=a\sin bx$만 증폭시키거나 없앨 수 있다.

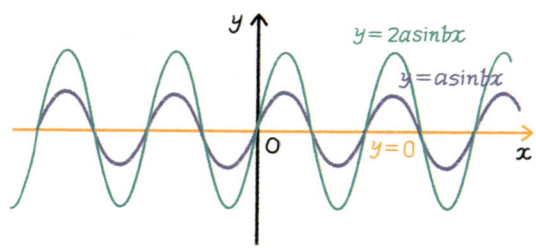

$y=a\sin bx$에 같은 파형 $y=a\sin bx$를 더하면

$\quad y=a\sin bx + a\sin bx$ ➡ $y=2a\sin bx$

이 소리는 두 배 증폭되고

$y=a\sin bx$에 반대 파형 $y=-a\sin bx$를 더하면

$\quad y=a\sin bx + (-a\sin bx)$ ➡ $y=0$

이 소리는 깨끗하게 사라진다.

간단해서 더 놀라운 기술, 이게 바로 노이즈 캔슬링이다.

112
키보드가 ABC 순서라면

키보드의 전신, 타자기의 시대였던 19세기! 자판이 ABC 순서였던 타자기가 있었다. 이 타자기는 이웃한 머리카락이 엉키듯 자주 사용하는 문자끼리 엉키곤 했다.

이런 단점을 보완해 오늘날의 쿼티 QWERTY 자판이 탄생한다. 쿼티는 키보드의 좌측 상단에 배열된 여섯 개의 문자를 순서대로 읽은 것이다.

하지만 쿼티 자판도 단점이 있었다. 예를 들어

very over lover

이처럼 영어 단어에서 e와 r은 자주 붙어 있는데, 자판에서도 붙어 있어 타이핑이 불편했다. 이에 1936년 드보락 박사는 자주 쓰는 문자는 중앙에 몰고, e와 r을 떼어놓는 등 문자의 사용 빈도와 자주 붙어 있는 조합을 분석해 '드보락 자판'을 출시한다. 유저들은 타이핑 속도는 증가, 오타는 감소하는 이 혁신적인 상품에 환호한다.

그리고 마침내 …

그냥 쿼티 자판을 쓴다. 필자도 독자도 …
습관을 바꾸는 건 정말 어려운 일이다.

복소수수염차

> 복소수
> 광동제약 복소수옥수수염차
> 삼송빵집 복소수옥수수빵

스마트폰에서 음성으로 받아쓰기를 불러 주면 '복소수'는 제대로 받아쓴다. 하지만 '복소수수염차', '복소수빵'이라고 말하면 '옥수수수염차', '옥수수빵'으로 자동으로 고쳐지기도 한다.

이는 음성 인식 알고리즘이 베이즈 정리를 이용하여 '수염차'와 '빵'에 어울릴 확률이 높은 단어 '옥수수'로 보정해 주기 때문이다.

베이즈 정리는 음성 인식뿐 아니라 자동 완성 기능에서 'LOV'만 쳐도 확률 높은 'E'를 추천하고, 암호 해독에서도 자주 이웃하는 철자의 조합을 통해 단어를 예측해 낸다.

ANYWAY

음성 인식의 멘탈을 우주로 보내 버리는 방법이 있다. 이렇게 불러 주면 된다.

> 결레 복소수 수염차

AI에게 개냥이란

만약 AI가 패션 쇼핑몰 사장이라면

반팔티 | 바지 | 양말

이 정도 구분은 껌(?)일 것이다. 옷의 패턴이 수학적으로 명확하기 때문이다.

옷의 길이는 바지 > 반팔티 > 양말
구멍의 개수[+]는 반팔티에 4개, 바지에 3개, 양말에 1개

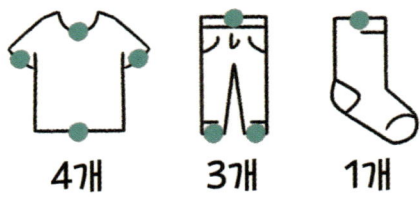

펼쳐진 모양도 반팔티는 T자, 바지는 V자, 양말은 L자

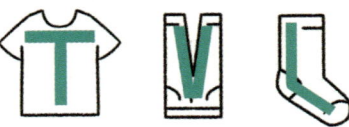

+ 구명의 기하학적 정의에 따라 그 개수는 달라질 수 있다. (053 참고)

굳이 옷을 구별하는 알고리즘을 만들지 않더라도 딱 봐도 한눈에 구분된다. 그런데 만약 15년 전, AI가 동물병원 원장이라면 고양이와 강아지를 구분할 수 있었을까?

NO!

고양이와 강아지는 이목구비와 행동 패턴이 대체로 다르지만 소위 "개냥이"나 "냥개"처럼 애매한 녀석들도 많았다. 이런 상황에서 '구분 기준'을 공식처럼 암기시키는 학습 방식은 AI에게 오히려 혼란만 가중시켰다. 2010년대 초, AI 과학자 제프리 힌튼[+]은 '인간의 뇌가 구분하는 방식'에 주목했다. 어떤 엄마도 아이에게 '구분 기준'을 하나하나 주입하지 않지만, 아이들은 스스로 고양이와 강아지를 구분하는 능력을 터득한다. 비슷하게 AI에게 인공신경망을 만들어 충분히 많은 사진과 영상을 보여주자, AI는 스스로 고양이와 강아지를 구분하기 시작했다.

이 발상의 전환이 바로 '딥러닝 deep learning'이다!

딥러닝으로 기계는 '인식'이라는 기능을 달고 세상을 볼 수 있게 된다. 스마트폰의 안면 인식, 공장의 자동 물류 시스템 등 산업 전반에 혁신이 가속된다. 이후 AI의 인식 기능은 2017년 구글에서 개발한 '트랜스포머 Transformer' 알고리즘을 만나 혁신적 언어 인식 모델을 탄생시킨다.

대표작은 챗GPT ChatGPT 다!

[+] 2024년 노벨 물리학상 수상자 (딥러닝 업적)

수학=정치=종교

수학을 하다 보면 이런 단어가 나온다.

정의definition | **공리**theorem | **정리**axiom

정의와 정리는 그런대로 알겠는데, 공리는 도대체 뭘까?
공리란 "믿고 여는 문^{door}"이다.

"$a=b$이면 $a+c=b+c$이다"

를 믿으면 방정식의 세계가 열리고

"두 평행선은 만나지 않는다"

를 믿으면 유클리드 기하의 세계가 열린다.

✳ ✳ ✳

수학뿐 아니라 사회에서도 우리는 X라는 공리를 믿으며 살아간다.

    X가 성경이면 기독교인   X가 단군신화면 한민족
    X가 이윤 추구면 자본주의자   X가 평등 분배면 공산주의자

《사피엔스》의 저자 유발 하라리는 이러한 X를 '상상의 질서'라고 말한다. 인간은 상상한 공리에 따라 이합집산하는 종족이라는 것!

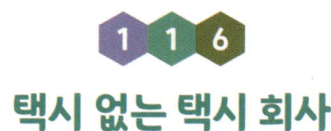

택시 없는 택시 회사

> **문제** 전체집합 $U=\{1, 2, 3, 4\}$의 두 부분집합 A, B에 대하여 $A \subset B \subset U$를 만족하는 A, B는 몇 쌍인가?

물론 $A=\{1\}$, $B=\{1, 3\}$과 같이 '노가다' 방식으로 가능한 A, B를 다 만들어 보면 되겠지만, 이는 어디까지나 제조업 시대의 발상이다. 이럴 때는 벤 다이어그램이라는 플랫폼을 이용하면 멋진 풀이가 나온다. U의 원소 1, 2, 3, 4 각각은 벤 다이어그램의 세 구역 중 한 곳을 선택하므로

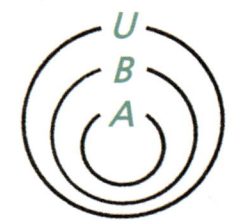

$$3 \times 3 \times 3 \times 3 = 3^4 = \mathbf{81}$$ **정답**

현대 사회의 '초거대 플랫폼 기업'들은 이런 식으로 문제를 해결한다. 그들은 웬만하면 제조하지 않는다. 벤 다이어그램(플랫폼)만 그려 놓고 … "너희가 선택해~"라고 말할 뿐!

> 우버는 택시를 소유하지 않는 택시 회사
> 알리바바는 제조 공장 없는 쇼핑몰
> 에어비앤비는 호텔을 짓지 않는 호텔 체인
> 페이스북은 방송국 없는 미디어 제국

제조업이 그동안 고생이 많았다.

비디오 가게 사장의 수학 실력

20년 전에는 동네마다 '영화마을' 같은 비디오 가게가 있었다. 반납일을 놓치면 연체료 폭탄을 맞는 일이 흔했다. 너무 크게 맞으면 자괴감이 폭발하기도 했다.

✦✦✦

1997년, 미국에도 연체료 때문에 폭발한 사람이 있었다. 그는 직접 DVD 우편 대여점을 차리고 연체료를 아예 없애 버린다. 대신 고객은 개인 정보와 영화의 평점을 제출해야 했다.

시간이 지나 평점이 충분히 쌓이자 수학 좀 하는 대여점 사장은 베이즈 정리를 활용해 영화를 추천하기 시작한다. 취향을 저격당한 고객들은 지인에게 이 대여점을 추천하게 되는데 …

    이 대여점의 상호는 다음과 같다

넷플릭스 NETFLIX

대여점 사장의 이름은 리드 헤이스팅스! 수학을 전공했으며 오늘날 넷플릭스의 회장(의장)이 된 인물이다.

넷플릭스는 수학으로 설계된 '추천 알고리즘'을 무기로 오늘날 OTT의 제왕 자리에 등극한다.

별이 빛나는 밤에

안드레이 콜모고로프는 스탈린상과 레닌상에 빛나는 구소련의 수학 영웅이다. 그는 '공리주의 확률론'의 창시자로도 유명하다.

빈센트 반 고흐의 〈별이 빛나는 밤〉에 등장하는 소용돌이 패턴을 유체역학에서는 '난류 turbulence'라고 한다.

양자역학의 대가 하이젠베르크는 이렇게 한탄했다.

"신이시여, 왜 상대성 이론입니까? 왜 난류입니까?"

이는 난류가 수학적으로 상대성 이론만큼 난해하다는 뜻이었다.
하지만 콜모고로프는 통계를 이용해 난류의 패턴을 '콜모고로프 척도'라는 방정식으로 만들어 낸다.
2008년 멕시코의 물리학자 호세 아라곤은 고흐의 그림이 콜모고로프 척도와 큰 오차가 없음을 밝혀낸다.

콜모고로프는 대단하다! 고흐는 경이롭다!!

"기계 vs 인간" 구별법

이차대전 당시, 독일군 암호 에니그마를 해독해 1,400만 명의 목숨을 살렸다고 평가받는 천재 수학자 앨런 튜링!

그는 1950년 철학저널 《마인드 Mind》에 "기계가 생각할 수 있는가?"라는 역사적인 질문을 남긴다. 그리고 이를 판별하기 위한 '이미테이션 게임 imitation game'이라는 테스트를 제안한다. 오늘날 '튜링 테스트'로 불리는 이 실험은 기계에 어떤 질문을 했을 때, 그 답변이 인간과 충분히 유사하다면 그 기계는 "지능이 있다"고 보는 것이다.

예를 들어 보자.
    (질문) "당신이 가장 허세를 부렸던 순간은?"
    (답변) "밸런타인데이에 초콜릿을 사 놓고 받은 척한 거요."
이 답변자는 과연 기계일까? 인간일까?

✳ ✳ ✳

영화 〈이미테이션 게임〉에서 앨런 튜링(베네딕트 컴버배치 분)은 이렇게 묻는다.

"나는 기계인가요? 인간인가요?"

인간은 절대 아니다. 1950년에 인공지능을 생각했으니까!

앨런 튜링

PART VI
스터디 영역

소수는 방구석에서 무한하다

1950의 세 가지 의미

「1950」

이 수를 보고 아무 생각 안 드는 한국인은 없을 것이다.

우선 1950년은 한국전쟁이 발발한 해다. 만약 한국전쟁보다 한라산이 먼저 떠오른다면, 이 사람은 산악인이나 지리 선생님일지도 모른다.

한라산의 해발 고도는 1,950m, 주변에 전화번호 뒷자리가 2744나 8848인 사람에게 "산(山) 좋아하세요?"라고 물어보면 어떻게 알았냐고 놀랄 때가 더러 있다.

참고로 백두산은 2,744m, 에베레스트는 8,848m다.

✶ ✶ ✶

그렇다면 수학샘에게 1950은?

$$1950° = 360° \times 5 + 150°$$

1950°는 150°와 같은 동경[+]을 가지는 각으로, 시험에 단골로 출제되는 특수한 각이다. 이 정도는 기본(?)

$$\sin 1950° = \frac{1}{2},\ \cos 1950° = -\frac{\sqrt{3}}{2}$$

이거 말하려고 역사에 지리까지 동원하다니! 1950은 큰 무리수였다.

[+] 각(방향)을 나타내는 반직선

공집합의 반대

공집합空集合, empty set은 비어 있는 것! 기호로는 보통 ∅를 쓰지만, 예전에는 비어 있는 가방처럼 { }로 표현하기도 했다. 이쯤에서 질문!

공집합의 반대는?

[1] 연산의 관점에서 보면

전체집합 U에 대하여 집합 A의 여집합은 $U-A$이므로, 공집합 ∅의 여집합은 $U-\emptyset=U$, 즉 전체집합이다.

그런데 empty(빈)의 반대말은 full(가득)이지만, 수학에서는 전체집합을 full set이 아니라 'universal set'이라고 애매하게 부른다. 논리적으로 '모든 것을 담는 가방'은 불가능하고, 가방은 대상에 따라 달라지기 때문이다.

아무와도 친하지 않은 학생에게 '친한 학생의 집합'은 공집합이지만, 그 여집합은 같은 반 또는 같은 학교의 모든 학생, 한국 또는 지구촌의 모든 학생일 수도 있다.

[2] 논리의 관점에서 보면

'원소가 없다'의 부정은 '원소를 적어도 하나 가진다'이므로, 공집합의 반대는 원소를 하나 이상 가진 모든 집합이다.

수학은 어렵고 논리도 어렵다. 그래서 집합은 더 어렵다.

부등호의 방향

"부등호의 방향은 언제 바뀌는가?"

이 질문에 제대로 답변한 사람을 본 기억이 없다. 대부분은 노타임으로 "음수를 곱할 때"라고 말한다. 그런데 2<3이지만 양변에 역수를 취하면 $\frac{1}{2} > \frac{1}{3}$인 것처럼 '부등호의 방향'이 바뀌는 건, 음수를 곱할 때 말고도 많다. 이럴 때 가장 적절한 키워드는 다음과 같다.

「감소함수 decreasing function」

함수 f가 감소함수일 때, $a<b \Leftrightarrow f(a)>f(b)$

부등호의 방향은 '감소함수를 씌우면' 바뀐다.

교과서의 "4대 감소함수"와 그 그래프는 아래와 같다.
이 그래프의 x의 값에 서로 다른 두 수를 대입해 보면 '부등호의 방향'이 바뀌는 이유를 바로 알 수 있다.

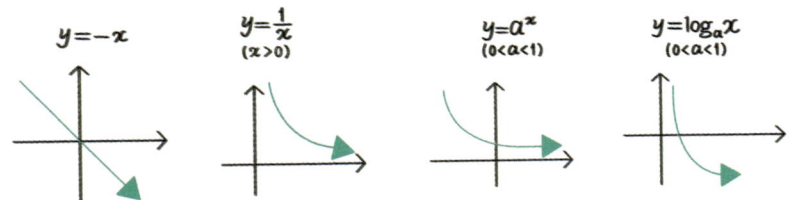

배반한다 vs 독립한다

학생들은 확률에서 다음 두 단어를 혼동한다.

배반사건 vs 독립사건

배반사건은 두 마리의 소가 서로 등을 돌리듯, 두 사건이 서로 겹치지 않는 것이다. 이를 '서로소'라고도 한다.

독립사건은 두 사건이 서로 영향을 주지 않는 것이다. 공부를 아예 안 하는 철수를 예로 들어 보자.

A : 철수가 공부하는 사건 ← $P(A)=0$
B : 엄마가 등 뒤에 있는 사건

이때, $P(A|B)$는 B라는 조건 하에 A가 일어날 확률로 "엄마가 등 뒤에 있을 때, 철수가 공부할 확률"이 된다. 두 사건의 독립 여부는 다음과 같이 판단한다.

$P(A|B)=P(A)$ ➡ A와 B는 독립 (엄마가 등 뒤에 있어도 공부 안함)
$P(A|B)\neq P(A)$ ➡ A와 B는 독립이 아님 (엄마가 등 뒤에 있으면 공부함)

일상에서 '독립'은 대체로 좋은 뜻, '배반'은 대체로 나쁜 뜻이다. "부모로부터 독립한 사람"과 "부모를 배반한 사람"의 차이! 하지만 철수처럼 공부를 안 하는 경우, 독립은 오히려 위험해 보인다.

일부다처제

대한민국에서 결혼한 어느 부부 중 아내에게 "당신의 남편의 아내는?"이라고 물어보면 당연히 자신이라고 말할 것이다. 하지만 일부다처제一夫多妻制 하에서 남편의 아내는 자신 말고도 여럿이다.

수학으로 비유하면 대한민국의 부부관계는 '일대일 대응'이고, 일부다처제의 부부관계는 '다대일 대응'이다. 수학에서 일부다처제는 종종 등장한다.

거듭제곱근

"2의 네제곱은 16"이다. 하지만 "16의 네제곱근은 2"라고 말해서는 안 된다. 네제곱하면 16이 되는 모든 수

$$2, -2, 2i, -2i$$

네 개를 모두 언급해야 한다.

부정적분

부정적분은 미분의 역산이다. 미분은 접선의 기울기인데, 상수함수는 기울기가 0이므로 모든 상수는 미분하면 사라진다. 따라서 x^2을 미분하면 $2x$가 되지만, $2x$를 부정적분하면 $x^2 + C$가 된다. 유령처럼 사라진 모든 상수가 되살아나는 것이다. 이러한 C를 "적분상수"라고 한다.

그러고 보니 부정적분은 '일부다처제' 정도가 아니다. '일부무한처제'다.

수학의 이름을 불러 주었을 때

곡선 S 위의 점 $P(x, y)$에 대하여 $x+y$의 최댓값은?

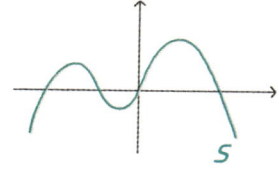

✳ ✳ ✳

곡선 S 위에는 무수히 많은 점이 있다. 이 점들을 소위 '노가다' 방식으로 마구 잡아 대입해 봤자, 어디에서 최대가 될지 판단할 수 없다.

BUT

수학은 가능하다. $x+y=k$라고 놓는 게 신의 한 수!

"내가 그의 이름을 k라고 불러 주었을 때,
　　그는 나에게로 와서 직선이 되었다."

합의 덩어리에 불과했던 $x+y$라는 녀석에 k라는 이름을 붙여 주어 직선이라는 생명을 불어넣은 것이다.

$x+y=k$ ➡ (이항하면) $y=-x+k$

기울기가 -1인 이 직선을 움직이다 보면, 곡선 S와 직선이 접하는 순간에 k는 최대가 된다.

수학이란 최선의 선택을 찾는 것이다.

1 2 6
질문만 잘 해도 노벨상

1964년 물리학자 피터 힉스는 '힉스 입자'를 제안한다.

"빅뱅 때, 사라진 신의 입자가 있습니다."

멋진 가설이지만 증거가 없으니 믿을 수 없었다. 그로부터 반세기 후, 유럽입자물리연구소(CERN)에서 힉스 입자와 같은 특성의 소립자가 검출된다. 덕분에 힉스는 84세의 나이에 잊고 있었던(?) 노벨상을 수상한다. 이는 마치 '푸앵카레의 추측'이 출제된 지 100년 후, 페렐만이 이를 증명했지만 푸앵카레가 필즈상을 탄 격이었다. 질문만 잘 했을 뿐인데 노벨상을 타게 된 것!

이쯤에서 한 번쯤 이런 논쟁을 하게 된다.

"질문 vs 답, 무엇이 위대한가?"

우선 힉스 입자, 페르마의 마지막 정리, 푸앵카레의 정리 모두 '질문한 사람의 이름'으로 기억된다. 질문 1승!

또한 2004년 모하비 사막에서 열린 DARPA[+] 자율주행 챌린지 대회는 2,400km의 대장정이었지만, 고작 11km 주행이 1등이었던 '실패한 대회'였다. 하지만 이 실패는 자율주행차 산업의 기폭제가 된다.

질문 WIN !!

[+] **D**efense **A**dvanced **R**esearch **P**rojects **A**gency. 미 국방성 산하 과학기술연구소

천재 화가의 우아한 증명

화가이자, 건축가, 발명가였던

레오나르도 다 빈치!

그는 예술과 공학을 결합하는 특별한 능력을 지니고 있었다. 그래서일까? 400개가 넘는 피타고라스 정리의 증명법 중 다 빈치의 증명은 유독 미학적이다.

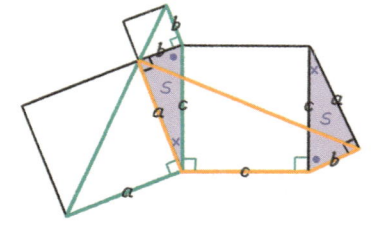

레오나르도 다 빈치

직각삼각형의 외부에 정사각형 세 개와 처음과 같은 직각삼각형을 돌려 붙인다. 이때 보조선 두 개를 그어 만들어지는 두 돛단배 모양은 합동이다. 직각삼각형의 넓이를 S라 하면 두 돛단배의 넓이가 같으므로

$$\frac{1}{2}a^2+\frac{1}{2}b^2+S=\frac{1}{2}c^2+S \Rightarrow a^2+b^2=c^2$$

캬~~진짜 우아하다!

128
소수는 방구석에서 무한하다

기원전 300년 경, 수학자 유클리드는 방구석에서 "소수$^{\text{prime number}}$는 무한하다"는 사실을 밝혀냈다. 결론이라는 판때기를 뒤집어 모순을 찾는 귀류법을 사용한 것이었다.

소수는  무한해

만약 소수가 유한하다면 가장 큰 소수 p가 존재한다.
세상의 모든 소수를 작은 순서대로 나열하면

　　2, 3, 5, 7, ⋯, p

이 모든 소수의 곱에 1을 더한 자연수 q를 생각하자.

　　$q = (2 \times 3 \times 5 \times 7 \times \cdots\cdots \times p) + 1$

q는 가장 큰 소수 p보다 크므로 합성수 ➡ ㉠

한편 q는 2, 3, 5, 7, ⋯, p 중에서 어떤 소수로도 나누어떨어지지 않으므로 새로운 소수 ➡ ㉡

㉠과 ㉡은 서로 모순!! (q가 합성수이고 소수이므로)
판때기를 되돌리면 "소수는 무한한 것"이었다.

수학 천재 유클리드는...
굳이 귀찮게, 소수를 하나하나 찾을 필요가 없었다.

피사의 사탑에 너나 올라가

피사의 사탑 하면 떠오르는 인물, 갈릴레오 갈릴레이는 피사의 사탑에서 "질량이 다른 두 물체가 동시에 떨어진다"는 자유낙하 실험을 했다고 알려져 있으나 실제로 실험을 했는지는 미지수다.
갈릴레이는 귀류법으로 이를 사전에 알고 있었다.

> 만약 질량이 10kg, 20kg인 두 물체가 동시에 떨어지지 않는다면, 두 물체 중 하나가 먼저 떨어져야 한다.

만약 무거운 물체가 먼저 떨어진다면?
예컨대 질량이 20kg인 물체는 1초에, 질량이 10kg인 물체는 2초에 떨어진다고 가정해 보자. 두 물체를 붙여서 떨어뜨리면 서로의 속성을 타협하여 1초와 2초 사이에 떨어진다. ➡ ㉠
한편 붙인 물체의 무게는 30kg이므로 1초보다 빨리 떨어진다. ➡ ㉡

㉠과 ㉡은 서로 모순!!
이는 가벼운 물체가 먼저 떨어진다 해도 마찬가지다.

수학 천재 갈릴레이는…
굳이 귀찮게, 피사의 사탑에 오를 필요가 없었다.

당구대가 타원이라면

타원이란 소위 '찌그러진 원'으로 수학적으로는 한 방향으로 늘어나거나 줄어든 원이다. 원뿔(아이스크림)이나 원기둥(가래떡)을 밑면과 비스듬히 자르면 타원 모양의 단면을 만들 수 있다.

또한 타원은 평면 위의 두 점에 실을 고정하고 연필로 팽팽하게 당기며 움직이면 그려진다. 이때 실의 길이는 타원의 긴 지름(장축)의 길이와 같다. 타원에 관한 두 가지 재미있는 질문을 생각해 보자.

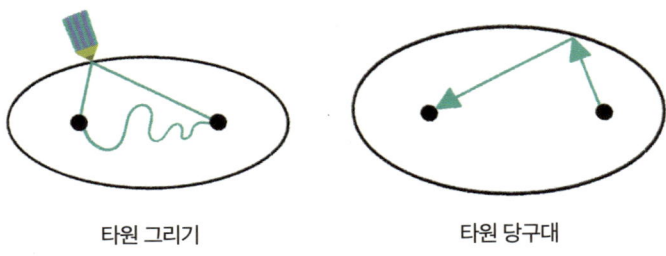

타원 그리기   타원 당구대

질문 ① 타원의 두 초점이 포개어지면 어떤 일이 벌어질까?
➡ 실이 반으로 접히면서 타원이 원으로 변한다.
  원의 반지름의 길이 = 실의 길이의 절반

질문 ② 당구대가 타원형이라면 어떤 일이 벌어질까?
➡ 타원의 한 초점에 있는 공을 쿠션의 아무 곳에나 쳐도 공이 반사되어 다른 초점을 지나게 된다. (단, 공에 회전이 없어야 한다.)

131
고양이 귀는 포물선 귀

2005년 MIT 공대생들은 129개의 거울을 조합해 배를 태우는 데 성공한다. 이는 고대의 수학자 아르키메데스가 포물면 거울에 빛을 모아 로마의 함선을 태웠다는 전설이 물리적으로 가능하다는 걸 입증한 사건이었다.

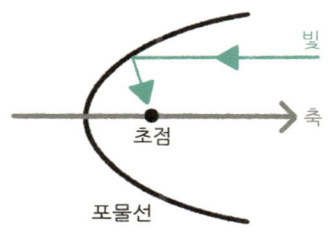

수학적으로는 어떨까? 포물선을 오목 거울의 단면으로 보자. 축에 평행하게 들어오는 모든 광선은 포물선의 접선에 반사되어 초점에 모인다. 거울만 충분히 크면 수학적으로도 가능하다.

이 원리는 통신에도 활용된다. 파라볼라 parabola+ 안테나는 포물면 모양으로 전파를 초점에 모은다. 고양이의 귀 또한 포물면 모양이라 소리를 잘 모은다.

"고양이"를 함부로 말하지 마라. 그들은 다 듣고 있다.

+ parabola : '포물선'이라는 뜻

황금사각형

'황금비'란 선분을 둘로 쪼갤 때

짧은 변 : 긴 변 = 긴 변 : 전체

가 되는 비를 말한다. 짧은 변을 1, 긴 변을 x로 잡으면

$1 : x = x : x+1$ $(x>1)$

비례식에서 x를 풀면 $x≒1.618$

황금비는 1 : 1.618이 된다.

한편 피보나치 수열 1, 1, 2, 3, 5, 8, 13, 21, … 은 앞의 두 항을 더하면 다음 항이 만들어지는 알고리즘이다. 이 수열의 이웃한 두 항의 비는 황금비에 가까워진다.

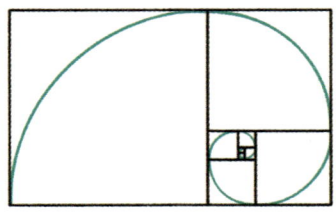

그림은 피보나치 수열을 한 변의 길이로 하는 정사각형을 붙여 가며 만든 '황금사각형'이다. 여기에 사분원을 이어 그리면 소라껍데기의 소용돌이 곡선이 만들어진다. 이 직사각형의 짧은 변과 긴 변의 비도 황금비에 가까워진다.

토너먼트 경기의 수

토너먼트란 일대일 대진 후, 패자는 탈락하고 승자는 다음 라운드로 진출하는 경기 방식이다.

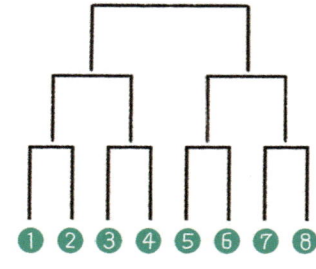

그림과 같은 8팀의 토너먼트에서는 1라운드 4경기, 2라운드 2경기, 결승전 1경기까지 총 7경기가 벌어진다. 경기 수는 참가팀(8팀) 수보다 1이 적다. 마찬가지로 16팀의 토너먼트에서 벌어지는 경기의 수는 $8+4+2+1=15$, 역시 참가팀(16팀) 수보다 1이 적다.

왜 토너먼트의 경기 수는 참가팀 수보다 1이 적을까?
이는 우승팀을 제외한 모든 팀이 경기마다 한 팀씩 탈락하기 때문이다.

아하! 토너먼트 경기의 수 = 탈락한 팀의 수

n팀이 참가한 토너먼트에서는 당연히 $n-1$ 경기가 벌어진다.

그림은 100팀의 토너먼트가 99경기임을 잘 보여준다.
매 경기 한 팀씩 소거해 보자.

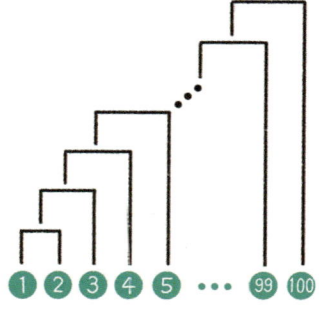

구골 vs 무량대수

만 단위 이후, 자연수의 단위는 이렇게 올라간다.

억	조	경	해	자	양	구	간
10^8	10^{12}	10^{16}	10^{20}	10^{24}	10^{28}	10^{32}	10^{36}

자연수는 이쯤에서 멈출 생각이 없다. 동양에서 사용되는 더 큰 수의 단위를 살펴보자.

항하사恒河沙는 10^{52}으로 인도 갠지스강의 모래알 개수를 뜻하며, 아승기阿僧祇는 10^{56}으로 셀 수 없이 많은 수를 뜻한다. '항해사 이승기'로 혼동 금지!

나유타那由他는 10^{60}으로 지극히 큰 수, 불가사의不可思議는 10^{64}으로 상상할 수 없는 수를 뜻한다. '피라미드'처럼 감히 상상도 안 가는 것에 비유된다.

무량대수無量大數는 10^{68}으로 헤아릴 수 없는 수, '감계무량'은 그런 무한한 감정을 표현한 말이다.

한편 서양에서는 무량대수를 넘는 구골Googol을 만들었다.

$$구골 = 10^{100} = 무량대수(10^{68}) \times 구(10^{32})$$

글로벌 기업 구글Google은 구골Googol을 변형하여 만든 이름이다. 세상의 모든 정보를 담겠다는 의지였다.

과잉수, 부족수, 완전수

고대 그리스 철학자들은 '아르케^{arche}' 즉, 우주를 조립하는 레고 블록을 찾고 있었다. 피타고리안은 이 레고블록을 '수^{number}'라고 주장했다.

그들에게 숫자는 단순한 계산 도구가 아니었다.
1은 모든 수의 근원이자 이성^{理性}의 상징, 2는 여성, 3은 남성, 5는 결혼, 6은 창조를 의미했다.

이들은 또한 '완전수', '부족수', '과잉수'에도 특별한 의미를 부여한다. 완전수는 진약수$^+$의 합이 자기 자신이 되는 수, 부족수는 진약수의 합이 자신보다 작은 수, 과잉수는 진약수의 합이 자신보다 큰 수를 뜻한다.

  $6=1+2+3, 28=1+2+4+7+14$ ➡ 6, 28은 완전수
  $1+2+4<8$ ➡ 8은 부족수
  $1+2+3+4+6>12$ ➡ 12는 과잉수

호사가들은 이를 이용해 「성경의 수학적 해석」을 만든다.
천지창조는 완전수인 6일 동안 이루어졌고, 노아의 방주에는 부족수인 8명이 탑승했다. 예수에게는 과잉수인 12명의 제자가 있었다는 것이다.

+ 자연수의 양의 약수 중 자신을 제외한 것

외각의 합은 360도

세계적인 수학상 '천메달'에 이름이 새겨진 수학자 천싱선은 어느 세미나에서 "삼각형의 내각의 합은 180°라고 말하는 건 옳지 않소!"라고 말한다. 청중들이 웅성거리기 시작했다.

워~워~워~

"관점이 틀렸소. 외각의 합이 360°라고 보는 게 우선이오!" 천싱선의 주장은 다각형의 외각의 합을 알면 내각의 합은 따라온다는 것이었다.

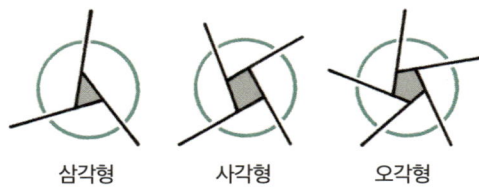

삼각형　　사각형　　오각형

그림과 같이 다각형의 외각을 크게 돌리면, 외각의 합은 원을 그리며 360°가 된다는 걸 쉽게 알 수 있다.

다각형을 우주에서 바라보면 어떨까?
다각형은 하나의 점으로 보이고 외각의 합은
당연히 원을 그린다.

또한 n각형($n \geq 3$)의 외각과 내각의 합은 $n \times 180°$이므로 내각의 합은

$$n \times 180° - 360° = (n-2) \times 180°$$

외각을 알면, 내각의 합공식은 덤이었다!

137
머리숱이 같은 동갑내기

길을 가다 보면 많은 사람을 마주친다. 이 중에는 분명 동갑내기가 있을 것이다. 그런데 대한민국에 그냥 동갑이 아니라 머리숱이 같은 동갑내기가 반드시 존재한다. 이는 디리클레의 「비둘기집의 원리」로 알 수 있다.

> n개의 비둘기 집에 $n+1$마리의 비둘기가 들어가면 두 마리 이상의 비둘기가 들어가는 집이 존재한다

예를 들어 366명의 사람이 있을 때, 일 년을 365개의 방으로 보면 두 사람 이상이 들어가는 방이 존재한다. 366명 중 생일이 겹치는 사람이 존재한다는 뜻(윤년 제외).

비슷하게 사람의 머리카락 수는 보통 10만 개 이하이고 아직까지 매년 신생아 수는 20만 명이 넘는다. 20만 명이 넘는 동갑내기가 대머리(머리카락 0개)를 포함한 머리카락의 수, 즉 10만 1개의 방에 들어가면 두 명 이상의 동갑내기가 들어 있는 방이 반드시 존재한다.

머리숱이 같은 동갑내기 발견!

하지만 20년 후에는 이마저 불가능할지 모른다. 신생아가 10만 명이 안 될 수도 있으니까!

오버부킹의 끝판왕

항공사는 수시로 '오버부킹'을 받는다. 예를 들어 좌석이 380석인 비행기에 400명의 예약 승객을 받는다. 한 명이 예약을 취소할 확률이 10%라면, 381명 이상의 탑승객이 와서 좌석이 부족해질 확률은 0.03%, 사실상 0이다.

'오버부킹'하면 인강 패스와 체인형 헬스클럽이 빠질 수 없다. 인강 패스는 1년간 모든 강좌를 한 과목의 월 학원비(?)로 수강할 수 있고, 환급(사실상 0원)도 해 준다. 월 2~3만 원대의 체인형 헬스클럽은 전국 지점을 이용할 수 있고 시설도 좋은 편이다. '가성비'에 혹해 연회원으로 등록하지만 10번도 안 가는 사람이 많다. 인강패스도 실제 수강은 특정 강사의 몇 강좌에만 집중된다.+

결국 좋은 플랫폼을 만들고 많은 고객을 모으면, 가격을 $\frac{1}{10}$로 낮춰도 실제 이용률은 10%가 안 되어 유지가 가능해진다. 인강 패스나 체인형 헬스클럽은 따지고 보면 열 배 이상 오버부킹을 받는 셈이다.

이런 관점에서 넷플릭스는 오버부킹의 끝판왕이다. 구독자들이 모든 콘텐츠를 다 보면 넷플릭스는 버틸 수 없다.

**'확통'은 '미적분'만큼 중요한 과목이다.
특히 비즈니스에서는!**

+ 인강 패스의 교재 매출, 헬스클럽의 PT 수익은 제외했다.

파스칼의 하키스틱

n개에서 r개를 뽑는 조합 $_nC_r$에는 이런 성질이 있다.

$$_nC_r + {}_nC_{r+1} = {}_{n+1}C_{r+1}$$

우변은 메시를 포함한 $n+1$명의 축구 선수 중 $r+1$명의 축구 선수를 뽑는 경우의 수($_{n+1}C_{r+1}$)로 메시를 뽑는 경우 $_nC_r$, 메시를 안 뽑는 경우 $_nC_{r+1}$이므로 좌변과 같은 것이다.

이는 「파스칼의 삼각형」에서 더 특별해진다.

$_0C_0$
$_1C_0\ _1C_1$
$_2C_0\ _2C_1\ _2C_2$
$_3C_0\ _3C_1\ _3C_2\ _3C_3$
$_4C_0\ _4C_1\ _4C_2\ _4C_3\ _4C_4$
$_5C_0\ _5C_1\ _5C_2\ _5C_3\ _5C_4\ _5C_5$
$_6C_0\ _6C_1\ _6C_2\ _6C_3\ _6C_4\ _6C_5\ _6C_6$
$_7C_0\ _7C_1\ _7C_2\ _7C_3\ _7C_4\ _7C_5\ _7C_6\ _7C_7$

파스칼의 삼각형

블레즈 파스칼

사선 방향으로 배열된 수의 합은 꺾인 위치의 수와 같다.

$$_2C_0 + {}_3C_1 + {}_4C_2 + {}_5C_3 + {}_6C_4 = {}_7C_4$$

$_2C_0 = {}_3C_0$으로 바꾸면 $_3C_0 + {}_3C_1 + {}_4C_2 + {}_5C_3 + {}_6C_4 = {}_7C_4$

오늘날 이 성질을 '하키스틱 이론'이라 한다. "하키봉은 머리와 같다"는 비유다. 더 놀라운 건 파스칼이 13살에 밝혀냈다는 사실이다.

의외로 모르는 수학 용어 1위

학생들이 의외로 모르는 수학 용어 1위는 ?!

"자취"
#아마도 #대체로 #아닐수도 #주관적생각

"샘, 자취가 뭔가요?" "자취는 처음인데요?"

학생들의 반복되는 질문에 답답해진 수학샘이 "하숙 말고 자취라고!" 이런 드립(?)을 해도, 그 하숙과 자취도 모를 수 있다.

수학에서 '자취'란 동점 P가 지나가며 생기는 흔적, '동점 P의 집합'을 의미한다. 동점이란 움직이는 점이다.

"샘~ 자취의 방정식은요?"

'자취의 방정식'이란 좌표평면에서 '동점 P의 좌표를 (x, y)라 할 때 x, y의 관계식'이다. 예컨대 원점에서 거리가 r인 점 $P(x, y)$의 자취의 방정식은 이렇게 생겼다.

$$x^2 + y^2 = r^2$$

아하! 교과서의 '원방(원의 방정식)'도 자취의 방정식이었군!

역수의 합 구하기

조화급수란 '자연수의 역수의 합'을 뜻한다.

$$1+\frac{1}{2}+\frac{1}{3}+\cdots+\frac{1}{억}+\cdots$$

$\frac{1}{억}≒0$ 조화급수의 항은 가면 갈수록 0에 수렴한다.
먹는 게 거의 없으면(뱉는 것도 없어야 함) 체중이 유지되듯, 더하는 항이 점점 0(무한소)에 가까워지니 수학자들은 "조화급수의 합이 당연히 수렴(존재)할 것"이라 생각했다.

하지만 1350년경, 수학자 니콜 오렘은 조화급수가 발산함을 밝혀낸다. 조화급수의 합을 S라 할 때

$$S=1+\left(\frac{1}{2}\right)+\left(\frac{1}{3}+\frac{1}{4}\right)+\left(\frac{1}{5}+\frac{1}{6}+\frac{1}{7}+\frac{1}{8}\right)+\left(\frac{1}{9}+\cdots+\frac{1}{16}\right)+\cdots$$
$$>1+\left(\frac{1}{2}\right)+\left(\frac{1}{4}+\frac{1}{4}\right)+\left(\frac{1}{8}+\frac{1}{8}+\frac{1}{8}+\frac{1}{8}\right)+\left(\frac{1}{16}+\cdots+\frac{1}{16}\right)+\cdots$$
$$=1+\frac{1}{2}+\frac{1}{2}+\frac{1}{2}+\frac{1}{2}+\cdots=\infty$$

아하!

S는 무한대(∞)보다 크므로 당연히 무한대(∞)다.
조화급수는 "뛰는 놈(∞) 위에 나는 놈(∞)"이었다.

러셀 vs 파인만

20세기 최고의 지성 버트런드 러셀(1872~1970영국)
미국 최고의 물리학자 리처드 파인만(1918~1988미국)
시대와 분야는 조금 다르지만, 놀랍게도 두 거장은 많은 공통점을 지니고 있다.

#1 학원 브랜드
두 사람의 이름은 대한민국에서 유명한 학원 브랜드와 같다. 우연인지 존경의 표현인지는 설립자에게 물어봐야겠지만, 학원 이름에서 두 사람이 떠오르는 건 이들이 여전히 최고의 지성으로 각인되어 있기 때문이다.

#2 치명적 매력남
두 사람 모두 인기가 많았다. 파인만은 잘 생긴 외모와 유머 감각, 프로급 봉고 연주 실력을 갖춘 당대 최고의 뇌섹남이었다.
러셀은 자서전에서 자신을 이끈 '세 가지 열정'은 사랑에 대한 갈망, 지식에 대한 호기심, 인류의 고통에 대한 연민이었다고 말한다. 첫 번째 열정이 과했을까 …
러셀은 99년의 일생 동안 숱한 염문을 뿌리며 네 번의 결혼을 한다.

#3 글발되는 이과
두 사람 모두 흔치 않은 '글발되는 이과 지식인'이었다.

러셀은 젊은 시절 수학자로 이름을 날리며 화이트헤드와 함께《수학 원리》라는 명저를 집필한다. 이후 그는 철학에 집중하며《서양철학사》,《행복의 정복》,《게으름에 대한 찬양》등 40여 권의 책을 남겼고, 1950년 노벨 문학상을 수상한다.

파인만은《파인만의 물리학 강의》와 구술 회고록《파인만씨 농담도 잘하시네》로 친근하게 다가오는 과학자다. 그는 '말발＋글발＋개그발＋얼굴발' 4박자를 갖춘 보기 드문 과학자였다.

#4 유튜브 동영상

놀랍게도 두 사람의 동영상을 유튜브에서 만날 수 있다. 단순히 교과서 속 위인을 '실제로 본다'는 호기심을 넘어, 그들이 과학과 철학을 대하는 태도와 어조는 오늘날의 과학도에게 올바른 지침이 된다.

'마찰', '철학'이라는 단어를 그들에게 던졌을 때 돌아오는 답변은 구글이나 챗GPT로는 얻기 힘든 통찰이다.

단언컨대 과학도에게 이만한 동기부여 영상은 없다.

조회수는 이미 대폭발!
QR코드로 두 거장을 만나보자.

버트런드 러셀

리처드 파인만

맨날 까먹는 공식 1위

세상에서 제일 유명한 공식은 뭘까?

피타고라스 정리? $F=ma$? $E=mc^2$?

이런 공식들은 대체로 기억이 난다.
그런데 대한민국의 수학 교과서에서 고등학생들이 가장 잘 까먹는 공식은 뭘까?
이건 〈점과 직선 사이의 거리〉일 것이다. #아마도 #대체로

> 점 $P(x_1, y_1)$에서 직선 $ax+by+c=0$에 이르는 거리는
> $$\frac{|ax_1+by_1+c|}{\sqrt{a^2+b^2}}$$

또 하나의 질문 !?

수업 시간에 증명을 패스하는 대표적인 공식은?
이것도 〈점과 직선 사이의 거리〉일 것이다. #아마도 #대체로

이런!「잘 까먹는 공식=증명을 패스하는 공식」이라니!
증명으로 탑재된 공식은 까먹어도 유도할 수 있고, 왜 공식에 루트와 절댓값이 등장하는지 떠오르게 될 것이다.

수학의 진짜 재미는 증명부터다.

144
히포크라테스의 초승달

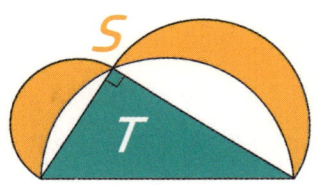

그림은 수학자 히포크라테스가 만든 '히포크라테스의 초승달'이다. 피타고라스 정리를 이용하면 두 초승달의 넓이의 합(S)은 직각삼각형의 넓이(T)와 같다.

대한민국의 중학교 수학 교과서에는 이 초승달이 등장한다. 학생들이여! 제발 '의사샘이 만든 초승달'로 오해하지 마라. 히포크라테스[+] 선서로 유명한 의사와 이 수학자는 동명이인일 뿐이다.

비슷한 오해는 제법 있다

'아킬레스와 거북이 역설'로 유명한 제논은 '엘레아의 제논'이다. 스토아학파의 창시자 제논은 '키티온의 제논'으로 불린다. 키티온의 제논은 거북이를 언급한 바 없다.

천동설로 유명한 과학자 프톨레마이오스는 왕이 된 적이 없다. 이집트의 프톨레마이오스 왕조를 연 사람은 프톨레마이오스 1세로, 이 사람이 진짜 왕이다.

[+] 히포크라테스(수학자) BC470?~BC410?
히포크라테스(의사) BC460?~BC377?

비싼 물건부터 사라고

> **문제** 어느 마트에서 세 종류의 과일 배, 사과, 귤의 개당 가격이 각각 5,000원, 2,000원, 1,000원이다. 이 마트에서 과일을 10,000원어치 사는 방법의 수는? (단, 일부 과일은 안 사도 된다.)

정답 10

그런데, 진짜 묻고 싶은 건 이것이다.

> **진짜 문제** 이 문제에서 어떤 과일의 순서로 사는 게 효율적인가?

※ ※ ※

'진짜 문제'의 정답은 **배 ➡ 사과 ➡ 귤** 순서다. 비싼 순서대로 사야 한다. 이건 마치 짱돌, 자갈, 모래를 큰 통에 담는 순서와 같다.

모래 ➡ 자갈 ➡ 짱돌 순으로 담으면 위로 올라갈수록 통에 공간이 많이 남는다. 반면 **짱돌 ➡ 자갈 ➡ 모래** 순으로 담으면 짱돌의 빈 공간을 자갈이, 자갈의 빈 공간을 모래가 채워 통의 공간 효율이 좋아진다.

이와 비슷하게 사업 계획은 굵직한 프로젝트부터, 학습 계획은 주요 과목부터 세우는 게 그 반대보다 훨씬 효율적일 것이다.

수학부터 시작했!!!

월드컵 4일 완성

짝수 해에 고3이 되는 학생은 좀 불쌍한 면이 있다. 하필 그해에 올림픽이나 월드컵, 아시안 게임이 열리기 때문이다. 참고로 하계 올림픽은 4N년, 월드컵과 아시안 게임은 4N+2년에 열린다. (N은 자연수)

특히, '축구를 사랑하는' 4N+2년에 고3인 학생에게 여름은 괴로운 시간이다. 월드컵의 모든 경기를 다 볼 시간도 없고, 새벽 경기를 보면 다음 날 공부에 지장을 준다. 이럴 때 수학샘은 멋진(?) 위로를 건넨다.

"수능 끝나고 4일 동안 몰아서 봐!"

하필 왜 4일일까?

월드컵 본선은 32개 팀이 8개 조로 나뉘어 조별 리그전을 우선 벌인다. 리그전은 한 조에서 6경기, 총 8×6=48경기를 치른다. 16강이 가려지면, 결승전까지 한 경기에 한 팀씩 탈락하므로 15경기(탈락한 팀 수)가 열린다. 여기에 3~4위 결정전은 덤!

따라서 월드컵의 모든 경기의 수는

48+15+1=64경기

한 경기는 1.5시간(인저리 타임 제외)이므로, 논스톱으로 월드컵을 시청한다면 64×1.5=96시간!

96(시간)=24(시간)×4이므로 4일 완성이 가능한 것이다.

미안하다. 수학샘의 위로는 위로가 아니다.

공대생 멘탈 일급 털이범

미분은 미세한 변화를 수식으로 나타내는 학문이다. 미분을 시작하려면 $x=3$이 아닌 $x \to 3$(x가 3에 한없이 가까워진다)을 받아들여야 한다. 이게 바로 '함수의 극한'이다.

$$\lim_{x \to 3} f(x) = 2$$

"x가 3에 가까워질 때, 함수 $f(x)$가 2에 수렴한다"

고등학교 단계에서는 편하게 받아들이는 개념이지만, 가까워진다는 게 뭔지! 수렴한다는 게 뭔지! 정확히 설명하기는 매우 어렵다. 심지어 미적분을 만든 뉴턴과 라이프니츠도 이 개념을 명확하게 설명하지 못했다. 이후 19세기에 접어들어 수학이 '엄밀성'을 추구하면서 수학자 코시와 칼 바이어슈트라스는 「엡실론-델타 논법」이라는 '수렴성의 엄밀한 기준'을 만들어 낸다.

엡실론-델타 논법

$\lim_{x \to a} f(x) = b$인 경우
임의의 $\varepsilon > 0$에 대하여
$0 < |x-a| < \delta \Rightarrow |f(x)-b| < \varepsilon$
을 만족하는 $\delta > 0$가 존재한다.

엡실론-델타 수식 버전

엡실론-델타 도형 버전

ㅎㅎ 〈수식 버전〉은 다음 생애에 도전해 보기로 하고, '엡실론-델타 논법'을 〈도형 버전〉으로 직감해 보자.

* * *

함수 $y=f(x)$의 그래프에서 점 (a,b)를 중심(두 대각선의 교점)으로 하고, 가로와 세로가 좌표축과 나란한 직사각형을 그린다. 이 직사각형의 중심을 (a,b)로 유지하면서 스마트폰 만지는 느낌으로 가로와 세로의 길이를 조절해 보자.

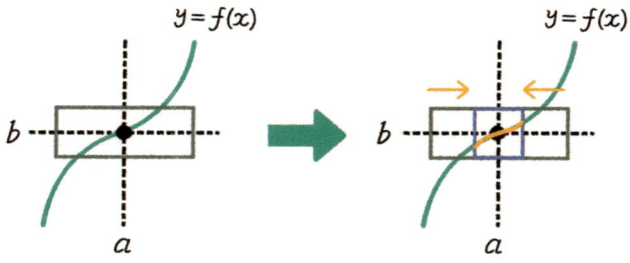

'엡실론-델타 논법'이란 $\lim_{x \to a} f(x) = b$인 경우, 세로를 아무리 줄여도 가로를 적당히 줄이면, 직사각형 내부에 있는 그래프의 모든 y의 값이 세로 범위 안으로 들어오는 것이다. $(x \neq a)$

'엡실론-델타 논법' 덕분에 미적분 Calculus은 해석학 Analysis이라는 그럴싸한 이름으로 진화하게 된다.

오늘날 이 논법은 '공대생 멘탈 일급 털이범'으로 악명이 자자하다.

네 집합의 벤 다이어그램

한 집합, 두 집합, 세 집합의 벤 다이어그램은 흔히 볼 수 있다. 그런데 네 집합의 벤 다이어그램은 어떻게 그려야 할까?
우선 집합을 그려가며 영역의 개수를 조사해 보자.

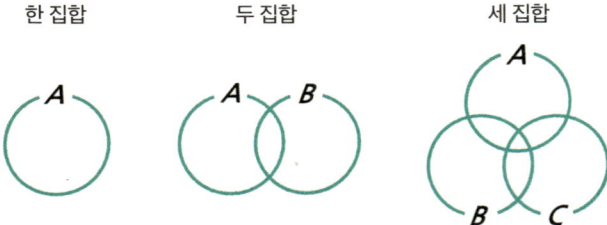

한 집합으로 나누어지는 영역은 2개
두 집합으로 나누어지는 영역은 4개
세 집합으로 나누어지는 영역은 8개

집합을 하나 추가할 때마다 영역의 수는 두 배가 된다. 이는 추가되는 집합이 기존 영역을 모두 둘로 나누기 때문이다.

아하! 네 집합의 벤 다이어그램은 네 번째 집합 D로 기존 8개의 영역을 모두 둘로 나누면 만들어진다. 따라서 네 집합으로 나누어지는 영역은 16개가 된다.

몇 가지 재미있는 방법을 소개한다.

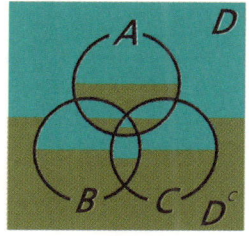

8개의 영역을 위/아래로 나누기

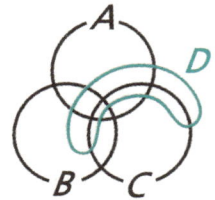

8개의 영역을 한 번씩 지나는 닫힌 곡선 그리기

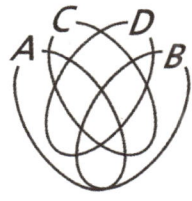

타원형으로 그리기

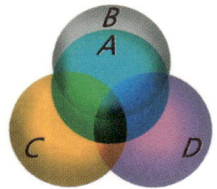

입체(구)를 이용하기

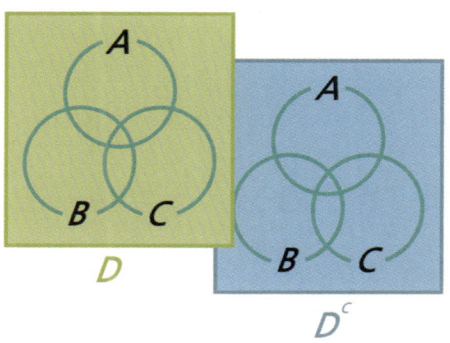

종이 2장을 사용하기

결혼 알고리즘

'순서도 flowchart'란 작업 수행 알고리즘의 차트다. 화살표를 따라가며 판단기호(◇)를 만나면, YES/NO를 선택하면 된다. 다음 순서도의 제목은 무엇일까?

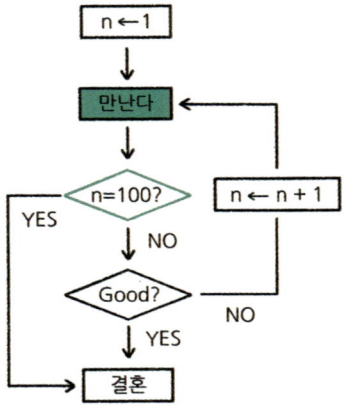

두구두구… 〈100명까지 만나 보고 결혼하는 알고리즘〉이다.

이 순서도만 따라가면 …

제아무리 눈이 높은 당신도 100번째엔 결혼할 수밖에 없다.
만약 당신의 배우자가 n의 값을 발견한다면, 결혼하기까지 몇 명이나 만나 봤는지 "딱 걸리게" 될 것이다.

150
공부해라 vs 늦잠잔다

학부모의 논리

요절한 천재 수학자 파스칼은 「파스칼의 내기」라는 이름으로 "신을 믿는 게 좋을 거야"라고 말한다.

신(神)	존재(O)	존재(X)
믿음(O)	천국	손해(X)
믿음(X)	지옥	본전

신이 존재하면 천국에 갈 것이고, 존재하지 않아도 손해 볼 게 없다는 논리였다. 이런 논리를 적용하면 학생들은 아마도 수학을 공부하는 게 좋을 거다. 이 멋진 논리를 학부모님께 바친다.

학생의 논리

생각의 천재 데카르트는 어려서부터 침대에 의지했고, 늦잠을 자는 바람에 학교에 수시로 지각했다. (099 참고)

데카르트는 성년이 된 후에도 침대에 의지했지만, 덕분에 「좌표기하학」을 만들었고 「코기토 명제」와 「기계적 우주론」[+]을 제안하며 유럽 최고의 지성인 반열에 오르게 된다.

침대에 자주 의지하는 학생의 입장에서 데카르트는 아주 훌륭한 면죄부 논리다.

좋아! 너도 침대 위에서 "수학만 생각하면 된다."

[+] 우주는 플레넘plenum으로 가득 차 소용돌이친다는 이론

소주 한 병은 7잔

소주 한 병을 꽉 채워 따르면 7잔이 나온다. 둘이 모여도 셋이 모여도 한 잔씩 돌리면 딱 떨어지지 않기 때문이다.

비슷한 원리로 $\log 2 ≒ 0.3$, $\log 3 ≒ 0.48$이라 할 때
$\log 4 = 2\log 2 ≒ 0.6$, $\log 5 = 1 - \log 2 ≒ 0.7$
$\log 6 = \log 2 + \log 3 ≒ 0.78$, $\log 8 = 3\log 2 ≒ 0.9$
$\log 9 = 2\log 3 ≒ 0.96$인데 반해
$\log 7$만 유독 구해지지 않는다.

2, 3, 4, 5, 6, 8, 9의 배수판정법은 쉬운데, 7의 배수판정법만 유독 어려운 것도 비슷한 맥락이다. 또한 정삼각형, 정사각형, 정오각형, 정육각형은 작도가 가능하지만, 정칠각형은 작도가 불가능하다.

수학에서 7은 '행운의 수'가 아니라 '외로운 수'다.
생각해보니 뭔가 당한 기분이다. 딱 떨어지지 않으니…

"사장님~ 한 병 더!"

'7잔'에는 소주 회사의 "판매 최적화" 전략이 숨어 있었다.
소주 회사만 미워하진 말자. 백화점 1층에는 다음 세 가지가 없다.

벽시계 | 화장실 | 창문

유튜브 터트리기

2015년 10월 4일, 미국의 한 고등학생이 네 편의 유튜브 영상을 찍어 다음 일정으로 예약 업로드한다.

[제1편] 6개월 후 [제2편] 12개월 후
[제3편] 5년 후   [제4편] 10년 후

✽ ✽ ✽

5년 후인 2020년 10월 4일, 제3편 영상이 공개된다.
영상 속 앳된 얼굴의 고등학생은 이렇게 말한다.

"나는 어른이 되어 있을 거고,
지금 100만 구독자가 없다면 실패한 거야"

하지만 현실은 … 구독자 4,000만 명이 되어 있었다.

그의 이름은 '미스터 비스트'

2025년 기준으로 구독자 4.5억 명을 자랑하는 세계 1등 유튜버다.

언젠가 유튜버를 꿈꾸는 당신!
이런 타임캡슐 영상 하나쯤 예약 업로드해 보면 어떨까?

"N년 후, 수능 만점!" "N년 후, 나는 당신과 ♥"

진짜 달성하면 알고리즘 타고 유튜브가 대박 날지도 모른다.

153의 일곱 가지 의미

[1] '국민 볼펜' 「모나미 153」은 흑백 영화가 오버랩되는 추억의 볼펜이다. 모나미사에 문의한 결과, 첫 출시 가격 15원, 자사의 3번째 제품이라는 뜻으로 15와 3을 조합해 153을 만들었다고 한다. 아래 [4]는 덤!

[2] $153 = 1+2+3+\cdots+17$이고 $153 = (1+5+3) \times 17$이다.
여기에서 17은 대표적인 페르마 소수[+]다. ($17 = 2^{2^2}+1$)

[3] 153은 '나르시시스트 수'[+]이다. ($153 = 1^3 + 5^3 + 3^3$)

[4] 153은 요한복음에 등장해 '신비의 수'로 여겨진다.
"그물을 던지니 153마리의 물고기가 잡혀 올라왔다."
성경 속 '153'은 모나미 창업주에게도 영감을 주었다.

[5] 다섯 명이 가위바위보를 할 때, 모두 비기는 경우의 수는 153가지다. 세 종류가 다 나오는 경우가 150가지, 한 종류만 나오는 경우가 3가지다.

[6] 국수 브랜드 「153 구포국수」에도 등장한다. 《수학브런치》 탈고 직전에 길을 가다 이 국숫집을 발견했다. 이번 테마의 제목은 원래 '153의 여섯 가지 의미'였다.

[+] $2^{2^n}+1$꼴의 소수 (n은 자연수)
[+] 각 자리 숫자의 세제곱의 합이 자기 자신이 되는 수

에필로그 EPILOGUE

[7] 153의 일곱 번째 의미

이 책 《수학 브런치》의 테마는 총 153개다.
책의 분량을 고려했을 때 150개 전후의 테마가 적절해 보였고, 그렇다면 세 홀수로 이루어진 수학 향기 물씬 풍기는 이 수가 딱이었다.
이런 디테일까지 고민했다는 걸 알아주면 …

153 테마 … 이 쯤에서 책을 마친다!

머리글에서 밝혔듯이, 수학은 우리 일상 자체에 깔려 있다. 멀리서 찾지 않아도 이미 친구가 되어 버린 AI가 자체가 수학의 집합체다.

AI 시대가 열리면서, 선험적 사고를 기반으로 하는 수학적 상상력은 개인에게 특별한 기회를 만들어 줄 것이다.
이 책의 $\frac{1}{153}$, 작은 테마 하나가 독자에게 생각 한 스푼의 여유가 되길 소망한다.

작년 이맘때 작고하신 나의 아버지
배용태 선생님께 이 책을 바친다.

수학 브런치

초판 1쇄 발행 2025. 12. 15.

지은이 배티(배상면)
발행인 강재영
발행처 애플씨드
등록일 2021년 8월 31일(제2022-000065호)
이메일 appleseedbook@naver.com

기획 편집 이승욱
디자인 총괄 배티(배상면)
일러스트 이휘연
표지 디자인 유어텍스트
본문 디자인 김숭일, 윤미정
마케팅 이인철
CTP출력 인쇄 제본 (주)성신미디어

ISBN 979-11-24121-02-3 (03410)

이메일 appleseedbook@naver.com
블로그 https://blog.naver.com/appleseed__
페이스북 https://www.facebook.com/AppleSeedBook
인스타그램 https://www.instagram.com/appleseed_book

이 책에 실린 내용, 디자인, 이미지, 편집 구성의 저작권은 애플씨드와 지은이에게 있습니다. 따라서 저작권자의 허락 없이 임의로 복제하거나 다른 매체에 실을 수 없습니다.